低功耗广域物联网技术开发

DIGONGHAO GUANGYU WULIANWANG JISHU KAIFA

褚云霞 李志祥 张岳魁 张 军◎著

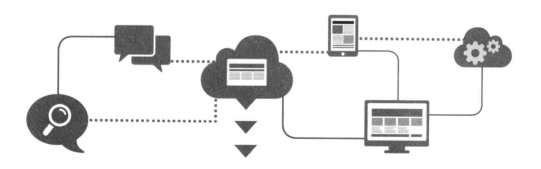

河北科学技术出版社

·石家庄·

图书在版编目（ＣＩＰ）数据

低功耗广域物联网技术开发 / 褚云霞等著. -- 石家
庄：河北科学技术出版社，2020.12
ISBN 978-7-5717-0592-3

Ⅰ．①低… Ⅱ．①褚… Ⅲ．①物联网 Ⅳ.
①TP393.4②TP18

中国版本图书馆CIP数据核字(2020)第231202号

低功耗广域物联网技术开发

褚云霞　李志详　张岳魁　张　军　著

出版发行	河北科学技术出版社	
地　　址	石家庄市友谊北大街330号（邮编：050061）	
印　　刷	三河市嵩川印刷有限公司	
经　　销	新华书店	
开　　本	787×1092　1/16	
印　　张	16.25	
字　　数	240千字	
版　　次	2021年3月第1版	
	2021年3月第1次印刷	
定　　价	60.00元	

前　言

随着信息技术快速发展，物联网设备已经遍及运输物流、工业制造、健康医疗、智能环境（家庭、办公、工厂）等社会领域，正在深刻地改变人们的生产、生活方式，让生产更高效、让生活更方便。基于物联网技术，每个人都可以将真实的物体连入物联网，在物联网上查看其具体位置，对接入物联网的机器、设备、人员进行集中管理控制。数以亿计的微小物品所提供的数据可以聚集成大数据，通过挖掘分析大数据可用于辅助重新设计道路以减少车祸、灾害预测与犯罪防治、流行病控制等，从而进一步产生巨大价值，造福人类社会。

物联网设备数据的传输大多采用无线通信技术，无线通信技术的飞速发展为物联网技术进步奠定了坚实的基础。物联网的无线通信技术主要分为两类，一类是 ZigBee、WiFi、蓝牙、Z-wave 等短距离通信技术；另一类是 LPWAN（Low Power Wide Area Network），即低功耗广域网通信技术。物联网的快速发展对通信距离、带宽、连接数、功耗等提出了更高的要求，具备低功耗、广覆盖、多连接、低成本等特征的 LPWAN 技术快速兴起，得到日益广泛的应用。

LPWAN 技术相关资料多散见于有关互联网的书籍，当前市面上没有关于一本专门阐述 LPWAN 技术的专业书籍。有鉴于此，为了便于物联网从业者学习参考，作者总结了多年来从事窄带物联网传输开发经验与教学内容编纂成册。本书力求重点突出、论述清楚，做到深入浅出、通俗易懂，注重实际技能的介绍与培训，便于自学。

本书作为窄带物联网传输的专著，结合行业的特点，着重从实践的角度去讲述了物联网传输的问题，涵盖了 NB-IoT 和 LoRa 方面的知识。本书共分五章：第一章是低功耗广域物联网传输概述，第二章是 NB–IoT 技术，第三章介绍 NB–IoT 开发应用，第四章介绍 LoRa 技术，第五章介绍 LoRa 应用开发。

本书在选材上主要采用了成熟的理论，并通过对目前研究现状的跟踪，补充了最新的研究成果。全书充分考虑了内容组织的系统性和完整性，特别突出了各项技术的实用性。本书可以作为物联网传输培训的课本，也可供数据爱好者学习参考。

本书由褚云霞、李志祥、张岳魁、张军合著，褚云霞完成第一章和第二章前半部分，李志祥完成第二章后半部分和第三章，张岳魁完成第四章、第五章，全书由张军统一编排定稿。

本书是河北省物联网智能感知与应用技术创新中心（编号 SG20182058）、河北省物联网区块链融合重点实验室（编号 SZX2020033）等科研平台建设的成果，是在 2016 年石家庄市科学技术研究与发展项目"基于云的可组合式智能大棚监控系统"（编号 161130092A）、2020 年河北省重点研发项目"设施番茄田间管理智能机器人研制与应用"（编号 20321801D）等科研项目研究成果的基础上进一步总结完善的基础上形成的。（本书数据以相关课题研究数据为主，部分数据来源截至 2017 年）另外，在编写工作中参考和引用了有关文献的内容，在此谨表深切谢意。

由于作者水平有限，书中不足之处在所难免，恳请读者批评指正。

褚云霞

2020 年 9 月

目　　录

第一章 物联网的无线技术

物联网应用中的无线技术有多种，可组成局域网或广域网。组成局域网的无线技术主要有 2.4GHz 的 WiFi、蓝牙、ZigBee 等，组成广域网的无线技术主要有 2G、3G、4G、5G 等。在低功耗广域网（Low Power Wide Area Network，LPWAN）产生之前，在远距离和低功耗两者之间只能二选一。当采用 LPWAN 技术之后，设计人员可做到两者都兼顾，最大限度地实现更长距离通信与更低功耗，同时还可节省额外的中继器成本。

第一节 物联网无线技术概述

从技术架构上来看，物联网可分为三层：感知层、网络层和应用层。感知层位于物联网三层结构中的最底层，其功能为"感知"，即通过传感网络获取环境信息。感知层是物联网的核心，是信息采集的关键部分。网络层由各种私有网络、互联网、有线或无线通信网、网络管理系统和云计算平台等组成，相当于人的神经中枢和大脑，负责传递和处理感知层获取的信息。应用层是物联网和用户（包括人、组织和其他系统）的接口，它与行业需求结合，实现物联网的智能应用。本节着重阐述感知层和网络层的相关内容。

感知层解决的是人类世界和物理世界的数据获取问题。感知层的作用相当于人的眼耳鼻喉和皮肤等神经末梢，它是物联网识别物体、采集信息的来源，其主要功能是识别物体，采集信息。它首先通过传感器、数码相机等设备，采集外部物理世界的数据，然后通过工业现场总线、蓝牙、红外等短距离传输技术传递数据。感知层所需要的关键技术包括检测技术、短距离无线通信技术等。感知层包括二维码标签、识读器、RFID 标签、摄像头、GPS（Global Positioning System，全球定位系统）、传感器、M2M（Machine to Machine，机器对机器）终端、传感器网关等，主要功能是识别物体、采集信息，与人体结构中皮肤和五官的作用类似。该层的核心技术包括射频技术、新兴传感技术、无线网络组网技术、FCS（Field Control System，现场总线控制技术）等，涉及的核心产品包括传感器、电子标签、传感器节点、无线路由器、无线网关等。

感知层常见的关键技术如下：

（1）传感器：传感器是物联网中获得信息的主要设备，它利用各种机制把被测量转换为电信号，然后由相应信号处理装置进行处理，并产生响应动作。常见的传感器包括温度、湿度、压力、光电传感器等。

（2）RFID（Radio Frequency IDentification，射频识别）：RFID 又称为电子标签。RFID 是一种非接触式的自动识别技术，可以通过无线电讯号识别特定目标并读写相关数据。它主要用来为物联网中的各物品建立唯一的身份标识。

（3）传感器网络：传感器网络是一种由传感器节点组成的网络，其中每个传感器节点都具有传感器、微处理器，以及通信单元。节点间通过通信网络组成传感器网络，共同协作来感知和采集环境或物体的准确信息。而无线传感器网络（Wireless Sensor Network，简称 WSN），则是目前发展迅速，应用最广的传感器网络。

对于目前关注和应用较多的 RFID 网络来说，附着在设备上的 RFID 标签和用来识别 RFID 信息的扫描仪、感应器都属于物联网的感知层。在这一类物联网中被检测的信息就是 RFID 标签的内容，现在的 ETC（Electronic Toll Collection，电子收费系统）、超市仓储管理系统、飞机场的行李自动分类系统等都属于这一类结构的物联网应用。

物联网通信技术繁多，从传输距离上可划分成两类：第一类是短距离通信技术，例如 ZigBee、Wi-Fi、Bluetooth 等，典型的应用场合如智能家居；第二类是低功耗广域网（Low Power Wide Area Network，LPWAN），典型的应用为智能抄表系统。LPWAN 技术又可根据工作频段分为两类：一类工作在非授权频段，如 Lora、Sigfox 等，此类技术无统一标准，自定义实现；第二类工作于授权频段下，3GPP 支持的 2/3/4/5G 蜂窝通信技术，如全球移动通信系统（Global System for Mobile Communication，GSM）、长期演进（Long Term Evolution，LTE）和基于蜂窝的窄带物联网（Narrow Band Internet of Things，NB–IoT）等。

对于物联网标准的发展，华为的推进最早。2014 年 5 月，华为提出了窄带技术 NB M2M；2015 年 5 月融合 NB OFDMA 形成了 NB–CIOT；7 月份，NB–LTE 跟 NB–CIOT 进一步融合形成 NB–IoT；2015 年 9 月，NB–IoT Work Item 立项通过，2016 年 6 月，NB–IoT R13 协议的核心部分冻结。

此前，相对于爱立信、诺基亚和英特尔推动的 NB–LTE，华为更注重构建 NB–CIOT 的生态系统，包括高通、沃达丰、德国电信、中国移动、中国联通、Bell 等主流运营商、芯片商及设备系统产业链上下游均加入了该阵营。

基于蜂窝的窄带物联网（Narrow Band Internet of Things，NB–IoT）成为万物互联网络的一个重要分支。NB–IoT 构建于蜂窝网络，只消耗大约 180KHz 的带宽，可直接部署于 GSM 网络、UMTS 网络或 LTE 网络，以降低部署成本、实现平滑升级。

NB–IoT 聚焦于低功耗广覆盖（LPWA）物联网（IoT）市场，是一种可在全球范围内广泛应用的新兴技术。为了满足 LPWA 应用的要求，NB–IoT 对现有网络进行几个方面的优化，具有大连接（100K 终端 / 节点）、广覆盖（比 GSM 提升了 20dB 增益）、低成本（模组价格 30 元人民币左右）、超长电池寿命（10 年）等优点。NB–IoT 使用授权频段，可采取带内、保护带或独立载波等三种部署方式，与现有网络共存。

第二节 低功耗广域网物联网无线技术

低功耗广域网络（Low Power Wide Area Network，LPWAN）是物联网中不可或缺的一部分，具有功耗低、覆盖范围广、穿透性强的特点，适用于每隔几分钟发送和接收少量数据的应用情况，如水运定位、路灯监测、停车位监测等。LPWAN 相关组织 LoRa 联盟目前在全球已有 145 位成员，其繁茂的生态系统让遵循 LoRaWAN 协议的设备具有很强的互操作性。一个完全符合 LoRaWAN 标准的通信网关可以接入 5 ～ 10km 内上万个无线传感器节点，其效率远远高于传统的点对点轮询的通信模式，也能大幅度降低节点通信功耗。

LPWAN 特点如表 1-1 所示。

（1）长距离：根据部署环境不同，一个网关或基站可以覆盖几千米，甚至几十千米。

（2）低数据速率：数据速率一般不超过 5kbps，每天几次的通信频次，每次几十到几百个字节不等。

（3）低功耗：电池供电或其他能量收集供电，可以维持几年，甚至更久。

表 1-1　LPWAN 技术目标值

特性	LPWAN 技术目标值
长距离	5 ～ 40km，开放平坦的地方
超低功耗	10 年的电池寿命
吞吐量	依赖于应用，典型的几百个字节每秒，或更少
芯片成本	￥10 元左右
传输延迟	不是 LPWAN 的基本要求，一般地，IoT 应用对数据延迟不敏感
所需覆盖的基站数量	非常少，LPWAN 基站能服务成千上万的设备
地域覆盖	在偏远和农村地区也有良好的覆盖范围,建筑内和地面的穿透力强(如读表)

物联网希望通过通信技术将人与物，物与物进行连接。在智能家居、工业数据采集等局域网通信场景一般采用短距离通信技术，但对于广范围、远距离的连接则需要远距离通信技术。LPWAN 技术正是为满足物联网需求应运而生的远距离无线通信技术。

远距离无线通信目前全球电信运营商已经构建了覆盖全球的移动蜂窝网络，然而 2G、3G、4G、5G 等蜂窝网络虽然覆盖距离广，但基于移动蜂窝通信技术的物联网设备有功耗大、成本高等劣势，如图 1-1 所示。当初设计移动蜂窝通信技术主要是用于人与人的通信。根据权威的分析报告，当前全球真正承载在移动蜂窝网络上的物与物的连接仅占连接总数的 6%。如此低的比重，主

要原因在于当前移动蜂窝网络的承载能力不足以支撑物与物的连接。LPWAN
（Low Power Wide Area Network）低功耗广域网络，专为低带宽、低功耗、远距离、
大量连接的物联网应用而设计。

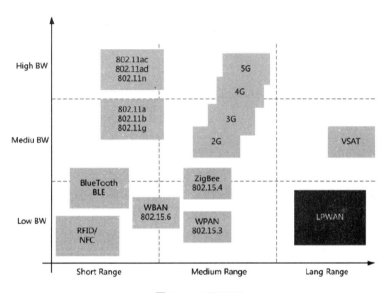

图 1-1　LPWAN

LPWA 可分为两类：一类是工作于未授权频谱的 LoRa、Sigfox 等技术；另
一类是工作于授权频谱下，3GPP 支持的 2/3/4G 蜂窝通信技术，比如 EC-GSM、
LTE Cat-m、NB-IoT 等。如图 1-2 所示。

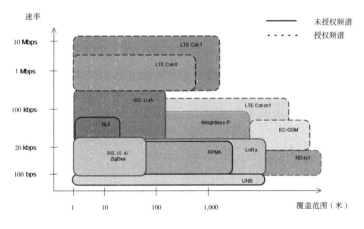

图 1-2　LPWAN 分类

一、LoRa

LoRa 并不是一个陌生的技术，它是应用最为广泛的 LPWAN 网络技术之一，这一协议源于 Semtech 公司，该公司计划将逐步授权其他源文件。

LoRa 无线技术的主要特点：

（1）长距离：1～20km。

（2）节点数：万级，甚至百万级。

（3）电池寿命：3～10 年。

（4）数据速率 0.3～50kbps。

LoRa 作为一种无线技术，基于 Sub-GHz 的频段使其更易以较低功耗远距离通信，可以使用电池供电或者其他能量收集的方式供电。较低的数据速率也延长了电池寿命和增加了网络的容量。LoRa 信号对建筑的穿透力也很强。LoRa 的这些技术特点更适合于低成本大规模的物联网部署。

在城市里，一般无线距离范围在 1～2km，郊区或空旷地区，无线距离会更远些。网络部署拓扑布局可以根据具体应用和和场景设计部署方案。LoRa 适合于通信频次低，数据量不大的应用。一个网关可以连接多少个节点或终端设备，按照 Semtech 官方的解释：一个 SX1301 有 8 个通道，使用 LoRaWAN 协议每天可以接受约 150 万包数据。如果你的应用每小时发送一个包，那么一个 SX1301 网关可以处理大约 62 500 个终端设备。

从 LoRa 应用情况来看，主要有数据透传和 LoRaWAN 协议应用，其中以数据透传居多，由于网关技术和开发门槛比较高，使用 LoRaWAN 协议组网的应用相对较少。

从 LoRa 网络应用方面看，有大网和小网之分。小网是指用户自设节点、网关和服务器，自成一个系统网络；大网就是大范围基础性的网络部署，就像中国移动的通信网络一样。从 LoRa 行业从业者来看，有不少电信运营商也参与其中。随着 LoRa 设备和网络的增多，相互之间的频谱干扰是存在的，这就对通信频谱的分配和管理提出了要求，需要一个统一协调管理的机制，以实施大网的管理。LoRa 应用需要考虑距离或范围，供电或功耗，节点数，应用场景，成本等问题。

相对于其他无线技术（如 Sigfox、NB-IoT 等），LoRa 产业链较为成熟、商业化应用较早。Microchip 公司推出支持 LoRa 的通信模组，法国 Bouygues 电信运营商建设一张新的 LoRa 网络。Semtech 也与一些半导体公司（如 ST，Microchip 等）合作提供芯片级解决方案，有利于客户获得 LoRa 产品并采用 LoRa 无线技术并实现物联网应用。

另外，LoRa 联盟已于 2015 年年初成立，是 LPWAN 领域第一个产业联盟，旨在通过构建生态系统的方式推动 LoRa 的普及。

二、Sigfox

Sigfox 也是商用化速度较快的一个 LPWAN 网络技术，它采用超窄带技术，使得网络设备消耗 50 μm 的功率为双向单向通信或 100 μm。相比较而言，移动电话通信则需要约 5000 μm。这就意味着，接入 Sigfox 网络的设备每条消息最大的长度大约为 12 字节，并且每天每个设备所能发送的消息不能超过 140 条。网络可以覆盖至 1000km 并且每个基站能够处理一百万个对象。

这一协议由 Sigfox 公司拥有，其创始人是法国企业家 Ludovic Le Moan，主要打造低攻耗、低成本的无线物联网专用网络。

2016 年 2 月，Sigfox 开始在捷克建网，该项目称为 SimpleCell。经过一个半月的部署，其网络覆盖的城市和直辖市已经超过 3300 个，超过了原计划要覆盖 6245 个地点的一半。在与 T-Mobile 合作下，已经建成了 60 多个 SimpleCell 基站，并在 2017 年 5 月份完成对所有地区的部署。

2016 年 4 月，Sigfox 携手 Thinxtra 在澳大利亚和新西兰部署物联网网络，从而为成千上万待联网的传感器提供全球性、效益高、节能的通信解决方案。通过本次合作 Sigfox 也将部署全球网络的触角伸到了到亚太地区，为该公司在亚太地区部署自己的网络树立了一块里程碑，标志着该公司 2016 年在 30 多个国家推出服务跨出了重要的一步。

Sigfox 与模块制造商、设备制造商、芯片制造商、物联网平台提供商等产业链上的众多企业都建立了合作关系。

（1）与芯科实验室的合作，将该实验室的 EZRadioPRO 无线收发器和 UNB 技术相结合。

（2）与 Atmel 在远程物联网连接领域也开展了合作，通过了 SigfoxReadyTM 认证的 ATA8520 器件，是首款通过该认证的片上系统（SoC）解决方案。

（3）携手 TI 共同打造高成本效益、远程、低功耗物联网连接，让 TI 的 CC1120 Sub-1GHz RF 收发器在搭配 UNB 技术后提供最远范围的连通性及强大的抗干扰性。

（4）同基础设施提供商 Arqiva 合作启用了第一个站点。

三、3GPP

3GPP 主要有三种标准：LTE-M、EC-GSM 和 NB-IoT，分别基于 LTE 演进、GSM 演进和 Clean Slate 技术。面对各种兴起的物联网技术，3GPP 主要有三种标准：LTE-M、EC-GSM 和 NB-IoT，分别基于 LTE 演进、GSM 演进和 Clean Slate 技术，如表 1-2 所示。

表 1-2 3GPP 物联网特性比较

	LTE-EVOLUTION	Narrowband Solutions		Next Generation
	LTE-M Rel-13	NB-LTE Rel-13	EC-GSM Rel-13	5G
覆盖范围（室外）	<11km	<15km	<15km	<15km
MCL	156db	164db	164db	164db
频谱	Licensed（7～900Mhz）	Licensed（7～900Mhz）	Licensed（8～900Mhz）	Licensed（7～900Mhz）
带宽	1.4Mhz or shared	200Khz or shared	2.4Mhz or shared	shared
数据率	<1Mbps	<150Kbps	10Kbps	<1Mbps
电池寿命	>10 years	>10 years	>10 years	>10 years
推出时间	2016	2016	2016	2025

1.LTE-M

LTE-M，即 LTE-Machine-to-Machine，是基于 LTE 演进的物联网技术，在 R12 中叫 Low-Cost MTC，在 R13 中被称为 LTE enhanced MTC（eMTC），旨在基于现有的 LTE 载波满足物联网设备需求。

为了适应物联网应用场景，3GPP 在 R11 中定义了最低速率的 UE 设备为

UE Cat-1，其上行速率为 5Mbps，下行速率为 10Mbps。为了进一步适应于物联网传感器的低功耗和低速率需求，到了 R12，3GPP 又定义了更低成本、更低功耗的 Cat-0，其上下行速率为 1Mbps。

2.EC-GSM

EC-GSM，即扩展覆盖 GSM 技术（Extended Coverage-GSM）。

各种 LPWA 技术的兴起，传统 GPRS 应用于物联网的劣势凸显。2014 年 3 月，3GPP GERAN #62 会议 "Cellular System Support for Ultra Low Complexity and Low Throughput Internet of Things" 研究项目提出，将窄带（200 kHz）物联网技术迁移到 GSM 上，寻求比传统 GPRS 高 20dB 的更广的覆盖范围，并提出了 5 大目标：提升室内覆盖性能、支持大规模设备连接、减小设备复杂性、减小功耗和时延。2015 年，TSG GERAN #67 会议报告表示，EC-GSM 已满足 5 大目标。

GERAN（GSM EDGE Radio Access Network）是 GSM/EDGE 无线通信网络（Radio Access Network）的缩写。GERAN 由 3GPP 主导，主要制定 GSM 标准。由于早期的蜂窝物联网技术是基于 GSM 的，所以一些物联网立项都是 GERAN 进行的。

随着技术的发展，蜂窝物联网通信需要进行重新定义，我们形象的叫做 "clean-slate" 方案，类似于 "打扫干净屋子再请客" 的说法，这就出现了 NB-IoT。由于 NB-IoT 技术并不基于 GSM，是一种 clean-slate 方案，所以，蜂窝物联网的工作内容转移至 RAN 组。GERAN 将继续研究 EC-GSM，直到 R13 NB-IoT 标准冻结。

3.NB-IoT

2015 年 8 月，3GPP RAN 开始立项研究窄带无线接入全新的空口技术，称为 Clean Slate CIoT，这一 Clean Slate 方案覆盖了 NB-CIoT。

NB-CIoT 是由华为、高通和 Neul 联合提出，NB-LTE 是由爱立信、诺基亚等厂家提出。

NB-CIoT 提出了全新的空口技术，相对来说在现有 LTE 网络上改动较大，但 NB-CIoT 是提出的 6 大 Clean Slate 技术中，唯一一个满足在 TSG GERAN #67 会议中提出的 5 大目标（提升室内覆盖性能、支持大规模设备连接、减小设备复杂性、减小功耗和时延）的蜂窝物联网技术，特别是 NB-CIoT 的通信模块成本低于 GSM 模块和 NB-LTE 模块。

NB-LTE 更倾向于与现有 LTE 兼容，其主要优势在于容易部署。

最终，在 2015 年 9 月的 RAN #69 会议上经过激烈争论后协商统一，NB-IoT 可认为是 NB-CIoT 和 NB-LTE 的融合。

这里引用一段 3GPP RAN 会议报告关于蜂窝物联网技术的描述：物联网（Internet of Thing,IoT）是未来重要技术,3GPP 在 R12/R13 虽然也有 MTC(Machine Type Communication）相关技术，但其基本做法是在既有 LTE 技术与架构上进行优化，并非针对物联网特性进行全新的设计。 相对于 MTC 技术优化的做法，蜂窝物联网（Cellular Internet of Thing, CIoT）技术项目建议针对物联网特性全新设计，不一定要相容于既有的 LTE 技术框架。

除了 LoRa、Sigfox LTE-M、EC-GSM 和 NB-IoT 外，这一领域也是多家争鸣的状态，包括 NWave、OnRamp、Platanus、Telensa、Weightless、Amber Wireless 等。

1.NWave

NWave 技术公司自己拥有该协议的所有权，该协议是 Weightless-N 协议的基础。它以虚拟化 Hub 的方式实现多数据流传输，中央处理器对数据进行分类确保数据归属性。

实际上，2015 年 7 月份，Nwave 技术公司和企业加速器组织 Accelerace 与 Next Step City 携手合作，在丹麦部署 Weightless-N 网路,范围遍及首都哥本哈根，以及南丹麦能源产业重镇埃斯比约，这一网络即采用 NWave 协议搭建。此网络是首次的公共网络建设行动，是极具开创性的里程碑，为丹麦物联网和智慧城市建设提供网络基础。

2.OnRamp

OnRamp 使用其自有的协议，称为 RPMA（随机分配，多址接入）。OnRamp 公司以授权方式让合作伙伴使用该技术，且该公司撰写了一份非常详尽的白皮书，白皮书中给出充足理由证明他们将优于 Sigfox 和 LoRa。

3.Platanus

这一协议是由云创科技（M2COMM）所拥有，是为处理一定距离下超高密度节点而设计的，它可以广泛用于电子标签类应用中，这一协议也成为 Weightless-P 技术的基础。

Platanus 原始技术瞄准在 100m 左右中等范围，为物联网数位价格标签提供室内覆盖。这些数位价格标签采用电子墨水（e-ink）或 LCD 显示器，能够取代商店货架上的纸类价格标签，让商店得以透过无线方式调整产品价格。Platanus 技术的其他主动式应用还包括工厂中的生产批次的资讯显示器，提供包括即时状态与待处理的下一个步骤等资讯。由于这是一种双向的通信，这些显示器还能整合感测器，监测货品的环境状况。

4.Telensa（原称 Senaptic）

Telensa 公司是一家无线监控系统供应商，将其智能无线技术应用于医疗、安全、车辆跟踪和智能计量等市场，特别关注于街道照明和停车的远程控制和管理。其掌握的低功耗无线通信技术仅开放用户界面，协议本身并不开放，该公司认为自己在应用层具有差异化的优势，而不是在底层协议层上。

5.Weightless

Weightless 实际上包括三个协议，初始协议是 Weightless-W，它是为充分利用广电白频谱（TVWS），但全球并未着眼于开发空白频谱的可用性，因此该协议一直被搁置直到频道可用的时候。

另一协议 Weightless-N 作为 Weightless-W 的补充，是一个非授权频谱下窄带网络协议，源于 NWave 技术，2016 年 5 月发布，瞄准在高达 7Km 的距离内以低速率为物联网设备到基站提供低成本的单向通信。Weightless 特别兴趣小组（SIG）之前即针对 Weightless-N 标准展开一连串制定工作，目前已公布 Weightless 1.0 版架构，是以低功耗、大范围网络覆盖为目标基础所制定，使用 sub-GHz 频谱和超窄频段（Ultra Narrow Band）技术,期能满足更多物联网应用。

但还有一系列的应用需要双向通信，以便确认信息接收、软件更新等，它们需要比 Weightless-N 更高的速率。于是第三个协议 Weightless-P 应运而生，正瞄准了这些市场需求近期，这一协议是基于 M2COMM 公司的 Platanus 技术。

根据 Weightless SIG 介绍，Weightless-P 将利用窄频通道以及 12.5kHz 通道的 FDMA+TDMA 调变，作业于免授权的 sub-GHz ISM 频段。物联网设备与基站的通信将可实现时间同步，从而管理无线电资源与处理交换机制以实现装置漫游，可用的通信速率能够根据链路品质与所取得的资源，在 200bps ～ 100kbps 之间调整。

Weightless 作为开放的协议，并允许开发者使用特定供应商或网络服务供应商的资源，每家公司都能免费利用 Weightless 技术发展低成本的基站和终端设备，因此成为继 LoRa 和 Sigfox 之后具有商业化前景的技术。

表 1-3 比较了各无线网的特点，供广大读者参考。

表 1-3 无线网的比较

	Lora	NWave	OnRamp	Platanus	Sigfox	Telensa	Weightless-N	Weightless-P	Amber Wireless
距离（KM）	15-45 空旷 15-22 郊区 3-8 城市	10	4	数百米	50 乡村 10 城市	最高 8	5+	2+	最高 20
频率	宽频	Sub-Ghz	2.4Ghz	Sub-Ghz	868 902	868 915 470（中国）	Sub-Ghz	Sub-Ghz	434 868 2.4Ghz
ISM 频段	是	是	是	是	是	是	是	是	是
上下行对称性	否	否	否	否	否	是	仅上行	是	
数据速率	0.3 ~ 5kbps	100bps	8bps ~ 8kbps	500kbps	100bps	低速	30 ~ 100kbps	100kbps	500kbps
最大节点数	200 ~ 300 k/hub	百万		50 000	百万	150 000			255
支持 OTA	是	是	是	是	不知	是	否	是	
切换	否	是	是	是	不知	是	是	是	
运行模式	公开或私有	公开或私有	公开或私有	公开或私有	公开	公开	公开或私有	公开或私有	
标准化	否	Weightless-N	IEEE	Weightless-N	否	否	是	进行中	

第三节　NB-IoT 技术

基于蜂窝的窄带物联网（Narrow Band Internet of Things，NB-IoT）成为万物互联网络的一个重要分支。NB-IoT 构建于蜂窝网络，只消耗大约 180kHz 的带宽，可直接部署于 GSM 网络、UMTS 网络或 LTE 网络，以降低部署成本、实现平滑升级。NB-IoT 是 IoT 领域一个新兴的技术，支持低功耗设备在广域网的蜂窝数据连接，也被叫作低功耗广域网（LPWA）。NB-IoT 支持待机时间长、对网络连接要求较高设备的高效连接。据说 NB-IoT 设备电池寿命可以提高至至少10 年，同时还能提供非常全面的室内蜂窝数据连接覆盖。

一、词语概述

对于物联网标准的发展，华为的推进最早。2014 年 5 月，华为提出了窄带技术 NB M2M；2015 年 5 月融合 NB OFDMA 形成了 NB-CIOT；7 月份，NB-LTE 跟 NB-CIOT 进一步融合形成 NB-IoT；NB-IoT 标准在 3GPP R13 出现，并于 2016 年 3 月份冻结。

此前，相对于爱立信、诺基亚和英特尔推动的 NB-LTE，华为更注重构建 NB-CIOT 的生态系统，包括高通、沃达丰、德国电信、中国移动、中国联通、Bell 等主流运营商、芯片商及设备系统产业链上下游均加入了该阵营。

基于蜂窝的窄带物联网（Narrow Band Internet of Things，NB-IoT）成为万物互联网络的一个重要分支。NB-IoT 构建于蜂窝网络，只消耗大约 180KHz 的带宽，可直接部署于 GSM 网络、UMTS 网络或 LTE 网络，以降低部署成本、实现平滑升级。

NB-IoT 聚焦于低功耗广覆盖（LPWA）物联网（IoT）市场，是一种可在全球范围内广泛应用的新兴技术。具有覆盖广、连接多、速率低、成本低、功耗低、架构优等特点。 NB-IoT 使用 License 频段，可采取带内、保护带或独立载波等三种部署方式，与现有网络共存。

二、前景优势

移动通信正在从人和人的连接，向人与物以及物与物的连接迈进，万物互联是必然趋势。然而当前的主流的 4G 网络在物与物连接上能力不足。事实上，相比蓝牙、ZigBee 等短距离通信技术，移动蜂窝网络具备广覆盖、可移动以及大连接数等特性，能够带来更加丰富的应用场景，理应成为物联网的主要连接技术。作为 LTE 的演进型技术，4.5G 除了具有高达 1Gbps 的峰值速率，还意味着基于蜂窝物联网的更多连接数，支持海量 M2M 连接以及更低时延，将助推高清视频、VoLTE 以及物联网等应用快速普及。蜂窝物联网正在开启一个前所未有的广阔市场。

对于电信运营商而言，车联网、智慧医疗、智能家居等物联网应用将产生海量连接，远远超过人与人之间的通信需求。

NB-IoT 具备四大特点：一是广覆盖，将提供改进的室内覆盖，在同样的频段下，NB-IoT 比现有的网络增益 20dB，覆盖面积扩大 100 倍；二是具备支撑海量连接的能力，NB-IoT 一个扇区能够支持 10 万个连接，支持低延时敏感度、超低的设备成本、低设备功耗和优化的网络架构；三是更低功耗，NB-IoT 终端模块的待机时间可长达 10 年；四是更低的模块成本，企业预期的单个接连模块不超过 5 美元。

NB-IoT 聚焦于低功耗广覆盖（LPWA）物联网（IOT）市场，是一种可在全球范围内广泛应用的新兴技术。其具有覆盖广、连接多、速率低、成本低、功耗低、架构优等特点。NB-IoT 使用 License 频段，可采取带内、保护带或独立载波三种部署方式，与现有网络共存。

因为 NB-IoT 自身具备的低功耗、广覆盖、低成本、大容量等优势，使其可以广泛应用于多种垂直行业，如远程抄表、资产跟踪、智能停车、智慧农业等。目前，包括我国运营商在内诸多运营商在开展 NB-IoT 和研究。

三、窄带物联网

对于 LPWA 网络所用到的窄带物联网（NB-IoT），运营商业已达成共识，应使用授权频谱，采用带内、防护频带独立部署。这一新兴技术可以提供广域网络覆盖，旨在为吞吐量、成本、能耗都很低的海量物联网设备提供支撑。

窄带物联网具有四大优势：电池寿命长（超过十年）、成本低（每个模块不足 5 美元）、容量大（单个小区能支持 10 万连接）、覆盖广（能覆盖到地下）。

Ibbetson 认为："如果产业链不能将单模块成本降到两三美元以下，实现大规模应用，NB-IoT 市场就做不起来。我们需要从全局角度出发，以极低的成本将物联网模块嵌入设备中。"

四、步入爆发期

随着网络连接、云服务、大数据分析和低成本传感器等所有核心技术的就绪，物联网已经从萌芽期步入迅速发展的阶段，大多数分析师对此都表示认可。

埃森哲亚太区高科技和电子产业主管 David Sovie 指出，每个 CIO 都应尽快制定物联网发展策略，否则将会在竞争中落败。IBM 研究院物联网全球战略计划主管 Wei Sun 表示，IBM 各行各业的大客户都在探索物联网产品和服务。

越来越多的行业已经在使用物联网技术提高效率，提升客户满意度并降低运营成本。例如，汽车零部件、家用电器及安全系统制造商博世已经将很多产品线连接起来，并从移动互联技术，尤其是车联网领域的崛起中直接获益。

在医疗领域，飞利浦已经开发了多款电子医疗应用，包括一款供慢性病患者使用的贴片。该贴片使用传感器实时收集患者健康数据，并传输到云平台，医护人员可以对数据进行监控，并适时采取医疗干预措施。

飞利浦数字加速器项目主管 Alberto Prado 指出，设备和系统的互操作性是数字医疗行业崛起的关键。随着协作护理模式日益盛行，未来的医疗必然将整合所有资源，并以主动预防为主。

为了迎接物联网领域的巨大机遇，整个产业不仅需要推动技术创新，还需要推动商业模式创新和跨行业协作。由于用例、应用和商业模式纷繁多样，物联网市场将比移动市场更加碎片化。

胡厚昆表示："这将有赖于产业链上不同的利益相关者精诚合作。在物联网时代，运营商需要将关注的重点由管理技术扩展至管理整个生态系统。整个行业正处在紧要关头，运营商需要立即行动起来，抓住这一新的蓝海机遇。"

五、发展方向

随着智能城市、大数据时代的来临，无线通信将实现万物连接。很多企业预计未来全球物联网连接数将是千亿级的时代。目前已经出现了大量物与物的联接，然而这些联接大多通过蓝牙、Wi-Fi 等短距通信技术承载，但非运营商移动网络。为了满足不同物联网业务需求，根据物联网业务特征和移动通信网络特点，3GPP 根据窄带业务应用场景开展了增强移动通信网络功能的技术研究以适应蓬勃发展的物联网业务需求。

我们正进入万物互联（IoT）的时代，这对于整个移动通信产业来说是一个巨大的机会。这一点在 MWC2016 上展露无遗。无论是运营商大咖，还是设备商巨头，纷纷展示了完整的物联网解决方案和在不同垂直行业的应用。

当然，实现这一切的基础，是要有无处不在的网络联接。运营商的网络是全球覆盖最为广泛的网络，因此在接入能力上有独特的优势。然而，一个不容忽视的现实情况是，真正承载到移动网络上的物与物联接只占到联接总数的 10%，大部分的物与物联接通过蓝牙、WiFi 等技术来承载。

因此，利用窄带 LTE 技术来承载 IoT 联接的 NB-IoT 技术备受瞩目，运营商和设备商纷纷为其站台和背书。

NB-IoT 是蜂窝网络产业应对万物互联的一个重要机会，具有很好的商用前景。

NB-IoT 具有显著的商业和技术优势。从商业层面上来讲，截至目前，蜂窝网络覆盖了全球超过 50% 的地理面积，90% 的人口，是一张覆盖最为完整的网络。从技术层面上来讲，NB-IoT 有 4 大技术优势。首先是覆盖广，相比传统 GSM，一个基站可以提供 10 倍的面积覆盖；其次是海量连接，200kHz 的带宽可以提供 10 万个联接；第三是低功耗，使用 AA 电池便可以工作十年，无需充电；第四是低成本，模组成本小于 5 美金。

假设全球有 500 万左右物理站点，全部部署 NB-IoT，每个站 3 个扇区、每个扇区部署 200kHz、每小时每个传感器发送 100 个字节，那么全球站点能够联接的传感器数量高达 4500 亿。

NB-IoT 可以广泛应用于多种垂直行业，如远程抄表、资产跟踪、智能停车、智慧农业等。随着 3GPP 标准的首个版本在 2018 年 6 月份发布，NB-IoT 在多个低功耗广域网技术中脱颖而出，应用日益广泛。

第四节　LoRa 技术

一、LoRa 技术介绍

LoRa 联盟 LoRa 联盟是 2015 年 3 月 Semtech 牵头成立的一个开放的、非盈利的组织，发起成员还有法国 Actility，中国 AUGTEK 和荷兰皇家电信 KPN 等企业。不到一年时间，联盟已经发展成员公司 150 余家，其中不乏 IBM、思科、法国 Orange 等重量级产商。产业链（终端硬件产商、芯片产商、模块网关产商、软件厂商、系统集成商、网络运营商）中的每一环均有大量的企业，这种技术的开放性，竞争与合作的充分性都促使了 LoRa 的快速发展。

LoRa 是 LPWAN 通信技术中的一种，是美国 Semtech 公司采用和推广的一种基于扩频技术的超远距离无线传输方案。这一方案改变了以往关于传输距离与功耗的折中考虑方式，为用户提供一种简单的能实现远距离、长电池寿命、大容量的系统，进而扩展传感网络。目前，LoRa 主要在全球免费频段运行，包括 433、868、915 MHz 等。

LoRa 是一种基于扩频技术的远距离无线传输技术。

LoRa 是物理层或无线调制用于建立长距离通信链路。许多传统的无线系统使用频移键控（FSK）调制作为物理层，因为它是一种实现低功耗的非常有效的调制。LoRa 是基于线性调频扩频调制，它保持了像 FSK 调制相同的低功耗特性，但明显地增加了通信距离。线性扩频已在军事和空间通信领域使用了数十年，其可以实现长通信距离和抗干扰的健壮性，LoRa 是第一个用于商业用途的低成本实现。

LoRa 技术具有远距离、低功耗（电池寿命长）、多节点、低成本的特性。

表 1-4 从灵敏度、链路预算、覆盖范围、传输速率、发送电流、待机电流、接收电流、2000mAh 电池使用寿命、定位、抗干扰性、拓扑结构、最大终端连接数等参数上比较了 Sigfox、LTE-M、ZigBee、WLAN、802.11ah 和 LoRa 的区别。

表 1-4 无线网的比较

	802.11ah	WLAN	ZigBee	LTE-M	Sigfox	LoRa
灵敏度	−106dBm	−92dBm	−100dBm	−117dBm	−126dBm	−142dBm
链路预算	126dB	112dB	108dB	147dB	146dB	162dB
范围 （0- 室内，1- 室外）	0:700m 1:100m	0:700m 1:30m	0:150m 1:30m	1.7km 城市 20 km 乡村	2km 城市 20 km 乡村	3km 城市 30 km 乡村
数据速率	100kps	6Mps	250kps	1Mps	600ps	37.5～0.2kps
TX 电流消耗	300Ma 20dBm	350Ma 20dBm	35Ma 8dBm	800Ma 30dBm	120Ma 20dBm	120Ma 20dBm
标准电流	50mA	70mA	26mA	50mA	10mA	10mA
RX 电流	NC	NC	0.003mA	3.5mA	0.001mA	0.001mA
标准电流	50mA	70mA	26mA	50mA	10mA	10mA
电池寿命 2000mAh				18 月	90 月	105 月
定位	不能	1–5m	不能	200m	不能	10–20m
抗干扰性	中等	中等	一般	中等	一般	强
网络拓扑	星型	星型	网格	星型	星型	星型

LoRa 的优势在于长距离传输能力。单个网关或基站可以覆盖整个城市或数百平方公里范围。在一个给定的位置，距离在很大程度上取决于环境或障碍物，但 LoRa 和 LoRaWAN 有一个链路预算优于其他任何标准化的通信技术。链路预算，通常用分贝（dB 为单位）表示，是在给定的环境中决定距离的主要因素。图 1-3 是部署在比利时的 Proximus 网络覆盖图。随着小量的基础设施建设实施，可以容易地覆盖到整个国家。

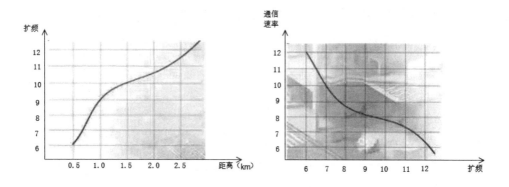

图 1-3 网络覆盖图

二、LoRaWAN 协议介绍

LoRaWAN 是 LoRa 联盟发布的一个基于开源 MAC 层协议的低功耗广域网通信协议。主要为电池供电的无线设备提供局域、全国或全球的网络通信协议。

LoRaWAN 定义了网络的通信协议和系统架构，而 LoRa 物理层能够使长距离通信链路成为可能。LoRaWAN 自下而上设计，为电池寿命、容量、距离和成本而优化了 LPWAN（低功耗广域网）。对于不同地区给出了一个 LoRa WAN 规范概要，以及在 LPWAN 空间竞争的不同技术的高级比较。

三、LoRaWAN 网络拓扑

LoRaWAN 网络是一个典型的 Mesh 网络拓扑结构，在这个网络架构中，LoRa 网关负责数据汇总，连接终端设备和后端云端数据服务器。网关与服务器间 TCP/IP 网络进行连接。所有的节点与网关间均是双向通信，考虑到电池供电的场合，终端节点一般是休眠，当有数据要发送时，唤醒，然后进行数据发送。

因此，使用 LoRa 技术，我们能够以低发射功率获得更远的传输距离。这种低功耗广域技术正是大规模部署无线传感器网络所必需的。

四、网络架构

在网状网络中，个别终端节点转发其他节点的信息，以增加网络的通信距离和网络区域规模大小。虽然这增加了范围，但也增加了复杂性，降低了网络容量，并降低了电池寿命，因节点接受和转发来自其他节点的可能与其不相关的信息。当实现长距离连接时，长距离星型架构最有意义的是保护了电池寿命。

在 LoRaWAN 网络中，节点与专用网关不相关联。相反，一个节点传输的数据通常是由多个网关收到。每个网关将从终端节点接所接受到的数据包通过一些回程（蜂窝、以太网等）转发到基于云计算的网络服务器。智能化和复杂性放到了服务器上，服务器管理网络和过滤冗余的接收到的数据，执行安全检查，通过最优的网关进行调度确认，并执行自适应数据速率等。

五、LoRa 网络构成

LoRa 网络主要由终端（可内置 LoRa 模块）、网关（或称基站）、Server 和云四部分组成。应用数据可双向传输。如图 1-4 所示。

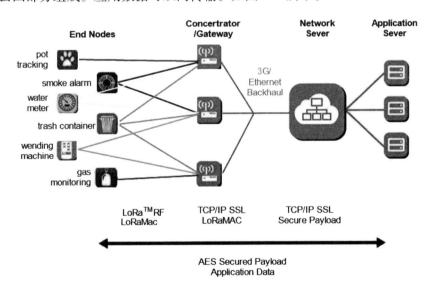

图 1-4　Lora 网络

六、网络部署

目前，LoRa 网络已经在世界多地进行试点或部署。据 LoRa Alliance 早先公布的数据，截至 2016 年处底已经有 9 个国家开始建网，56 个国家开始进行试点。中国 AUGTEK 在京杭大运河完成 284 个基站的建设，覆盖 1300km 流域；美国网络运营商 Senet 于 2015 年中在北美完成了 50 个基站的建设、覆盖 15 000 平方英里（约 38 850 平方千米），在第一阶段完成超过 200 个基站架设；法国电信 Orange2016 年年初在法国建网；荷兰皇家电信 KPN 在新西兰建网，在 2016 年前达到 50% 覆盖率；印度 Tata 在 Mumbai 和 Delhi 建网；Telstra 在墨尔本试点。

七、LoRaWAN 协议

LoRaWAN 是 LoRa 联盟推出的一个基于开源的 MAC 层协议的低功耗广域网（Low Power Wide Area Network，LPWAN）标准。这一技术可以为电池供电的无线设备提供局域、全国或全球的网络。LoRaWAN 瞄准的是物联网中的一些核心需求，如安全双向通信、移动通信和静态位置识别等服务。该技术无需本地复杂配置，就可以让智能设备间实现无缝对接互操作，给物联网领域的用户、开发者和企业自由操作权限。

LoRaWAN 网络架构是一个典型的星形拓扑结构，在这个网络架构中，LoRa 网关是一个透明传输的中继，连接终端设备和后端中央服务器。网关与服务器间通过标准 IP 连接，终端设备采用单跳与一个或多个网关通信。所有的节点与网关间均是双向通信，同时也支持云端升级等操作以减少云端通信时间。

终端与网关之间的通信是在不同频率和数据传输速率基础上完成的，数据速率的选择需要在传输距离和消息时延之间权衡。由于采用了扩频技术，不同传输速率的通信不会互相干扰，且还会创建一组"虚拟化"的频段来增加网关容量。LoRaWAN 的数据传输速率范围为 0.3 ～ 37.5 kbps，为了最大化终端设备电池的寿命和整个网络容量，LoRaWAN 网络服务器通过一种速率自适应（Adaptive Data Rate，ADR）方案来控制数据传输速率和每一终端设备的射频输出功率。全国性覆盖的广域网络瞄准的是诸如关键性基础设施建设、机密的个人数据传输或社会公共服务等物联网应用。关于安全通信，LoRaWAN 一般采用多层加密的方式来解决：①独特的网络密钥（EU164），保证网络层安全；②独特的应用密钥（EU164），保证应用层终端到终端之间的安全；③属于设备的特别密钥（EUI128）。LoRaWAN 网络根据实际应用的不同，把终端设备划分成 A/B/C 三类。

Class A：双向通信终端设备。这一类的终端设备允许双向通信，每一个终端设备上行传输会伴随着两个下行接收窗口。终端设备的传输槽是基于其自身通信需求，其微调是基于一个随机的时间基准（ALOHA 协议）。Class A 所属的终端设备在应用时功耗最低，终端发送一个上行传输信号后，服务器能很迅速地进行下行通信，任何时候，服务器的下行通信都只能在上行通信之后。如图 1-5 所示。

Class B：具有预设接收槽的双向通信终端设备。这一类的终端设备会在预设时间中开放多余的接收窗口，为了达到这一目的，终端设备会同步从网关接收一个 Beacon，通过 Beacon 将基站与模块的时间进行同步。这种方式能使服务器知晓终端设备正在接收数据。如图 1-6 所示。

Class C：具有最大接收槽的双向通信终端设备。这一类的终端设备持续开放接收窗口，只在传输时关闭。

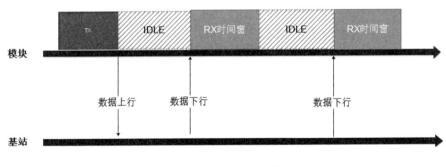

图 1-5　Class A 传输

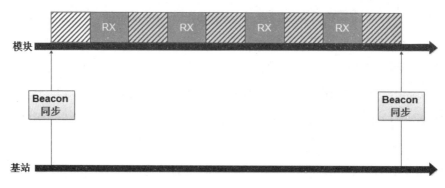

图 1-6　Class B 传输

八、LoRa 技术要点

一般说来，传输速率、工作频段和网络拓扑结构是影响传感网络特性的三个主要参数。传输速率的选择将影响系统的传输距离和电池寿命；工作频段的选择要折中考虑频段和系统的设计目标；而在 FSK 系统中，网络拓扑结构的选择是由传输距离要求和系统需要的节点数目来决定的。LoRa 融合了数字扩频、数字信号处理和前向纠错编码技术，拥有前所未有的性能。此前，只有那些高等级的工业无线电通信会融合这些技术，而随着 LoRa 的引入，嵌入式无线通信领域的局面发生了彻底的改变。

前向纠错编码技术是给待传输数据序列中增加了一些冗余信息，这样，数据传输进程中注入的错误码元在接收端就会被及时纠正。这一技术减少了以往创建"自修复"数据包来重发的需求，且在解决由多径衰落引发的突发性误码中表现良好。一旦数据包分组建立起来且注入前向纠错编码以保障可靠性，这些数据包将被送到数字扩频调制器中。这一调制器将分组数据包中每一比特馈入一个"展扩器"中，将每一比特时间划分为众多码片。如表 1-5 所示。

表 1-5　Lora 参数

因素	范围	效果	变化（125khz）
传播因子	7 ～ 12	DR 灵敏	200bps ～ 37.5kbps ～ 138dBm ～ 121 dBm
带宽	125k 10 ～ 500kHz	DR 或灵敏	
纠错率	4/5 ～ 4/8	DR	
频段	138MHz ～ 1GHz		未知

即使噪声很大，LoRa 也能从容应对 LoRa 调制解调器经配置后，可划分的范围为 64 ～ 4096 码片 / 比特，最高可使用 4096 码片 / 比特中的最高扩频因子（12）。相对而言，ZigBee 仅能划分的范围为 10 ～ 12 码片 / 比特。

通过使用高扩频因子，LoRa 技术可将小容量数据通过大范围的无线电频谱传输出去。实际上，当你通过频谱分析仪测量时，这些数据看上去像噪音，如图 1-7 所示，但区别在于噪音是不相关的，而数据具有相关性，基于此，数据实际上可以从噪音中被提取出来。扩频因子越高，越多数据可从噪音中提取出来。在一个运转良好的 GFSK 接收端，8dB 的最小信噪比（SNR）需要可靠地解调信号，采用配置 AngelBlocks 的方式，LoRa 可解调一个信号，其信噪比为 -20dB，GFSK 方式与这一结果差距为 28dB，这相当于范围和距离扩大了很多。在户外环境下，6dB 的差距就可以实现 2 倍于原来的传输距离。

超强的链路预算，让信号飞得更远。为了有效地对比不同技术之间传输范围的表现，我们使用一个叫做"链路预算"的定量指标。链路预算包括影响接收端信号强度的每一变量，在其简化体系中包括发射功率加上接收端灵敏度。AngelBlocks 的发射功率为 100mW（20dBm），接收端灵敏度为 -129dBm，总的链路预算为 149dB。比较而言，拥有灵敏度 -110dBm（这已是其极好的数据）的 GFSK 无线技术，需要 5W 的功率（37dBm）才能达到相同的链路预算值。在实践中，大多 GFSK 无线技术接收端灵敏度可达到 -103dBm，在此状况下，发射端发射频率必须为 46dBm 或者大约 36W，才能达到与 LoRa 类似的链路预算值，如图 1-8 所示。

因此，使用 LoRa 技术我们能够以低发射功率获得更广的传输范围和距离，这种低功耗广域技术正是我们所需的。

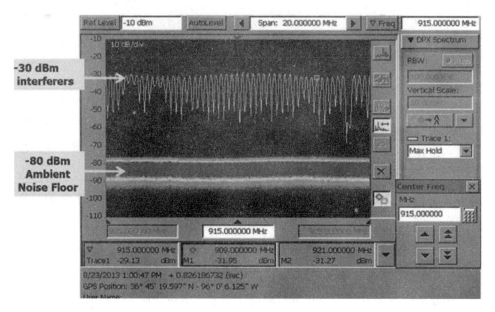

图 1-7　高频波形

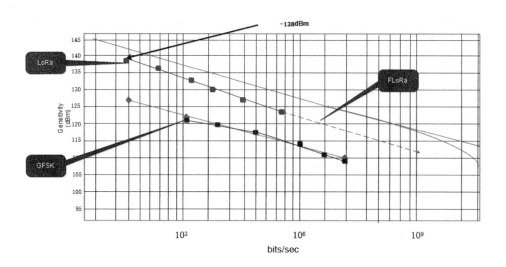

图 1-8　噪声和速率关系

第五节　LoRa 与 NB-IoT

NB-IoT 标准的商用,将导致其竞争技术 LoRa 等的消亡,这个看法有点偏激,实际上,当我们基于影响其商用的"全要素"考察时,NB-IoT 和 LoRa 将会分别在运营级和企业级低功耗广域网络领域大放异彩,两者互补共存,共同完善物联网的网络层。

从低功耗广域网络走入人们视野开始,各类低功耗广域技术的争论就没有停止过。当然,影响一张广域网络的因素很多,站在不同角度、从自身有利的因素考虑会有不同的结果。在笔者看来,基于现有产业发展态势,NB-IoT 与非授权频段的技术商业化中并非是你死我活的替代关系,两者完全可以向着互补的状态发展,形成物联网网络层的立体化格局。

当一项技术从诞生开始就比现有技术实现"全要素"的领先时,这项技术将实现快速替代和商用。这里所要强调的"要素"并非只是技术指标,而是一组更为宏观的要素集合,包括技术指标、市场成熟、政策因素、成本等所有影响该技术商用进展的因素。从这个视角来看,真正能够实现"全要素"领先者并不多,大多数情况下各竞争性技术基于不同方面的优势形成势均力敌的态势。

我们已看到了各类标准的技术指标对比,仅从技术角度来看也没有一类技术能够实现全部指标领先,在未来技术演进过程中,谁能之前处于劣势的某种指标不能超越其对手的水平? 更不用说综合考量其他影响因素,可能技术全方位领先者不一定占据商用优势。

当"NB-IoT 将粉碎 Sigfox 和 LoRa 技术"的言论出来后,就有 LoRa、Sigfox 的支持者从标准化、通信效率、产业链成熟度等角度予以驳斥。实际上,物联网时代对网络解决方案的需求和难点非常多,若能对不同的低功耗广域网络技术全方位要素进行权衡,或许可以提炼出各类不同技术的合适的定位和发展方向。

NB-IoT 和 LoRa 可面向互补的市场,经过努力的推动,NB-IoT 具备了面向运营商级网络的大量优势，不论是 3GPP 组织的国际标准制定，还是授权频谱选择，以及主流运营商和设备厂商的积极推动，让其具备了部署一张全国广覆盖网络的技术和产业基础，而监管机构近期的政策和表态也解决了其政策方面的障碍。

此前，分析低功耗广域网络在其商用中所面临的监管和政策方面的风险，从这些角度来看，以 LoRa 为代表的非授权低功耗广域网络似乎无法实现运营商级网络的部署和运营。然而，在一个多样化的物联网世界里，大量企业或行业应用中需要专用的网络解决方案，LoRa 成为满足这一需求的较好选择，我们姑且称其为企业级低功耗广域网络。我们可以从不同角度来考察这一领域。

（1）需求场景已有，运营商网络还未商用，企业级网络灵活性优势凸显。

需要接入网络的设备数量开始爆发，其中不乏大量电池供电且广泛分布的设备和传感器。当运营商因其网络整体规划的考虑，在短期内无法实现低功耗广域网络的部署，这一时间窗口期，诸如 LoRa 等已在多个行业中商用实践的方案的灵活性体现出来，可以根据用户需求快速进行热点覆盖，形成一个企业级的低功耗广域网络。

（2）专用网络不可替代，公网之外都是专网的空间。

我们可以参考一下现有信息通信市场，运营商的 3G/4G/5G 公网之外，还存在公安、交通、民航、物流、铁路、安防等大量行业的专用网络，也能实现类似 3G/4G/5G 的高速通信，且催生除了海能达、信威通信、普天通信等专网领域的优秀企业，每年仍有数百亿的市场规模。

在未来 NB-IoT 实现商用后，运营商部署的低功耗广域网络将是具有开放性、无歧视的接入网络，类似于现有通信领域中的公网，但仍然存在大量行业或企业用户基于自身业务需求需要建设专用网络。在笔者看来，原有的专网主要解决集群通信、应急通信、调度等少量的通信需求，而物联网时代各类应用场景更为丰富，LoRa 方案的加入，将大大拓展专网的市场范畴，形成更为广阔的市场空间。

可以说，从现有发展态势来看，未来 NB-IoT 将在运营商级网络中大放异彩，为物联网时代带来广覆盖、大连接、低成本的网络解决方案；而 LoRa 则在智慧城市、行业和企业专用应用中实现快速灵活部署。两种网络技术在商用中完全可以实现互补共存。

理性行为，企业级网络方案提供者战略初显　与 NB-IoT 相比，国内 LoRa 方面的声音并不多。当然，这与参与 NB-IoT 阵营的产业巨头具有一定行业话语权和曝光度有关，国内 LoRa 方案厂商多为初创企业或中小企业，本身曝光度不高。不过，企业规模小、曝光度低并不代表这一阵营没有进展，实际上大量企业已开始了 LoRa 推广的步伐，加入国际 LoRa 联盟的中国企业数量也在不断增多，涵盖产业链多个环节。

可以肯定的是，作为市场化竞争的中小企业，其致力于推动 LoRa 的落地一定是一种理性行为。就笔者了解，这一领域的企业已开始从以往推出简单的低功耗 LoRa 模块和点对点传输方案，向着端到端解决方案供应商转型。八月智能科技、门思科技、唯传科技、拓宝科技等早期 LoRa 方案的推动者纷纷推出了节点 + 网关 + 云端服务的解决方案，让用户可以以堆积木的选择方式，选择从简单的传输到企业级网络运营商的不同方案。可以看出，这一领域方案提供者的业务战略选择，为企业级低功耗广域网络的实现奠定了基础。

当运营商级和企业级低功耗广域网络开始商用之路，以 NB-IoT 为代表的授权频谱技术和以 LoRa 为代表的非授权频谱并非你死我活的争斗，两者将互补共存，共同完善物联网的网络层。

一、NB-IoT、LoRa 使用频谱

在中国的低功耗广域网领域，NB-IoT 和 LoRa 无疑是最为热门的两种低功耗广域网（LPWAN）技术。两者形成了两大技术阵营，一方是以华为为代表的 NB-IoT，另一方是以中兴为代表的 LoRa。毫无疑问，无线电频谱是一种国家资源，是一种有限的资源，不可以再生，只能合理地利用。下面就看看两种技术使用的频段。

1.NB-IoT 频段

NB-IoT 使用了授权频段，有三种部署方式：独立部署、保护带部署、带内部署。全球主流的频段是 800MHz 和 900MHz。中国电信会把 NB-IoT 部署在

800MHz 频段上，而中国联通会选择 900MHz 来部署 NB-IoT，中国移动则可能会重耕现有 900MHz 频段。

NB-IoT 属于授权频段，如同 2G/3G/4G 一样，是专门规划的频段，频段干扰相对少。NB-IoT 网络具有电信级网络的标准，可以提供更好的信号服务质量、安全性和认证等的网络标准。可与现有的蜂窝网络基站融合更有利于快速大规模部署。运营商有成熟的电信网络产业生态链和经验，可以更好地运营 NB-IoT 网络，如表 1-6 所示。

表 1-6　NB-IoT 频段

运营商	上行频率（MHz）	下行频率（MHz）	频带宽（MHz）
中国联通	900 ～ 915 1745 ～ 1765	954 ～ 960 1840 ～ 1860	6 20
中国移动	890 ～ 900 1725 ～ 1735	934 ～ 944 1820 ～ 1830	10 10
中国电信	825 ～ 840	870 ～ 88515	
中广移动	700		

从目前来看，NB-IoT 网络技术的只会由上面的网络运营商来部署，其他公司或组织不能自己来部署网络。要使用 NB-IoT 的网络必须要等运营商把 NB-IoT 网络铺好，其进度与发展取决于运营商基础网络的建设。

2.LoRa 频段

LoRa 使用的是免授权 ISM 频段，但各国或地区的 ISM 频段使用情况是不同的。表 1-7 是 LoRa 联盟规范里提到的部分使用的频段。

表 1-7　Lora 频段

	欧洲	北美	中国	韩国	日本	印度
频带（MHz）	867 ～ 869	902 ～ 928	470 ～ 510	920 ～ 925	920 ～ 925	865 ～ 867
信道	10	64+8+8				
上行带宽	125/250kHz	500kHz				
下行带宽	125kHz	500kHz				
上行发送功率	+14dBm	典型 +20dBm 容许 +30dBm	由通信委员会定义			
下行发送功率	+14dBm	+27dBm				
上行扩频因子	7 ～ 12	7 ～ 10				
数据率	250 ～ 50kbps	960 ～ 21.9kbps				

在中国市场，由中兴主导的中国 LoRa 应用联盟（CLAA）推荐使用了 470～518MHz。而 470～510MHz 这个频段是无线电计量仪表使用频段。《微功率（短距离）无线电设备的技术要求》中提到：在满足传输数据时，其发射机工作时间不超过 5 秒的条件下，470～510MHz 频段可作为民用无线电计量仪表使用频段。使用频率是 470～510MHz，630～787MHz。发射功率限值：50mW（e.r.p）。

由于 LoRa 是工作在免授权频段的，无需申请即可进行网络的建设，网络架构简单，运营成本也低。LoRa 联盟正在全球大力推进标准化的 LoRaWAN 协议，使得符合 LoRaWAN 规范的设备可以互联互通。中国 LoRa 应用联盟在 LoRa 基础上做了改进优化，形成了新的网络接入规范。

二、NB-IoT 和 LoRa 的通信距离

通信距离和通信能力是无线通信在同等功耗前提下最重要的性能指标。

1.NB-IoT 通信距离

移动网络的信号覆盖范围取决于基站密度和链路预算。NB-IoT 具有 164dB 的链路预算，GPRS 的链路预算有 144dB（TR 45.820），LTE 是 142.7dB（TR 36.888）。与 GPRS 和 LTE 相比，NB-IoT 链路预算有 20dB 的提升，开阔环境信号覆盖范围可以增加七倍。20dB 相当于信号穿透建筑外壁发生的损失，NB-IoT 室内环境的信号覆盖相对要好。一般地，NB-IoT 的通信距离是 15km。

2.LoRa 通信距离

LoRa 以其独有的专利技术提供了最大 168dB 的链路预算和 +20dBm 的功率输出。一般地，在城市中无线距离范围是 1～2km，在郊区无线距离最高可达 20km。

3.NB-IoT 和 LoRa 的中继

在实际的网络部署中，NB-IoT 和 LoRa 的无线网络信号都会存在覆盖不到的地方，可称之为信号"盲区"，如果针对"盲区"通过多架设基站达到信号覆盖的话，势必会造成网络建设成本较高。这就需要一种低成本的"中继"产品，来拓展和延伸网络，来完成"盲区"的信号覆盖。

据了解，中国 LoRa 应用联盟（CLAA）使用了 MCU 和 SX1278 做了一个中继实现了"盲区"的低成本信号覆盖。

中国物联网合作组织集团，采用 4320 物联网关设备，可用低廉的成本，实现 4320 个无线终端的中继。

三、NB-IoT 和 LORA 的芯片来源

无论是 NB-IoT 还是 LoRa 的网络都需要无线射频芯片来实现连接和部署。NB-IoT 和 LoRa 都采用了星型网络拓扑结构，通过一个网关或基站就可以大范围地覆盖网络信号。NB-IoT 工作在授权频段，基本上是运营商的市场，基站设备一般是由通信设备服务商提供。LoRa 工作在免授权频段，任何企业都可以自己设计开发网关，自行组建网络。NB-IoT 和 LoRa 的一些终端无线射频芯片公司。

1.LoRa 芯片公司

LoRa 技术是 Semtch 公司的专利，Semtech 公司提供 SX127x 系列 LoRa 产品。国内市场主要以低频段（137 ~ 525MHz）的 SX1278 为主。为适应市场的发展和需求，Semtech 以 IP 授权的方式授予更多的公司来制造 LoRa 技术的芯片，如同 ARM 公司 IP 授权类似。

目前 Semtech 公司 IP 授权的公司有 Hoperf、Microchip、Gemtek、ST 等。Hoperf 的 LoRa 产品是数据透传模组，Microchip 的是以 LoRaWAN 模组，Gemtek 做成了 SiP 的 LoRaWAN 产品。未来或许会有更多的公司通过 IP 授权的方式来制造 LoRa 技术的产品。

2.NB-IoT 芯片公司

NB-IoT 得到了电信运营商和电信设备服务商的支持，有着成熟完整的电信网络生态系统。

华为：华为 NB-IoT 的芯片是 Boudica，超低功耗 SoC 芯片，基于 ARM Cortex-M0 内核，会搭载 Huawei LiteOS 嵌入式物联网操作系统。

中兴微电子：中兴微电子 NB-IoT 的芯片是 Wisefone7100。据称，isefone7100 内部集成了中天微系统的 CK802 芯片。

Intel：XMM7115，支持 NB-IoT 标准。2016 年下半年提供样品。XMM 7315，支持 LTE Category M 和 NB-IoT 两种标准，单一芯片集成了 LTE 调制解调器和 IA 应用处理器。

Qualcomm：MDM9206，支持 Cat-M（eMTC）和 NB-IoT。

Nordic：NordicSemiconductor nRF91 系列是 Nordic 的 NB-IoT 蜂窝技术产品。

其他的 NB-IoT 芯片厂商可能还有：Sequans、Altair、简约纳电子有限公司、MARVELL、MTK、RDA 等等。

四、NB-IoT 和 LoRa 模组的成本

SNS Telecom 预测了一个典型的 LPWA 模组成本是 4 ～ 18 美元，不同技术模组价格有所不同。随着 LPWA 网络部署成熟，预计每个模组的成本批量可以降到 1 ～ 2 美元。

NB-IoT 和 LoRa 的成本究竟是多少呢？ 从一些公开的信息中来做个简单的整理。

1.NB-IoT 模组的成本

华为在《NarrowBandIoT Wide Range of Opportunities WMC2016》中提到了：NB-IoT 芯片组价格 1 ～ 2 美元，模组价格是 5 ～ 10 美元。NB-IoT 模组理想价格应该小于 5 美元。

中兴在《Pre5G Building the Bridge to 5G》中提到，NB-IoT 模组的成本是 5 ～ 10 美元，芯片组成本 1 ～ 2 美元。

互联网工程任务组（The Internet Engineering Task Force，简称 IETF）也提到每个模块成本小于 5 美元。

Vodafone 在一篇相关介绍资料中提到，每个模组成本小于 5 美元。

从上述几家公司的资料来看，NB-IoTd 模组成本市场期望值应该是小于 5 美元。具体厂家的销售价格会是多少呢？尚不得而知。

不过，光有了 NB-IoT 模组还不够，因为 NB-IoT 是授权频段，要接入运营商的网络，还需要 SIM 卡，或者 eSIM（Embedded SIM、嵌入式 SIM）。每个 NB-IoT 模块还会有流量或服务的费用。

2.LoRa 模组的成本

由于 LoRa 商用较早，在市场上也有很多公司在销售 LoRa 模块。在此不讨论数据透传的模组，只说基于 LoRaWAN 协议的模组。

Microchip 是较早做 LoRaWAN 模组的厂商，其在官方网址标价 10.37 美元（订货量 5000 以上）。实际采购价格需要联系 Microchip 销售以工程议价为准。

LoRaWAN 模组关键的器件是 MCU 和 SX127x，目前在 8～9 元人民币。

目前，LoRa 市场主流使用的是 ST 公司的 STM32L1 系列和 STM32L0 系列的超低功耗单片机。STM32L1 系列是基于 ARM Cortex-M3 内核的，STM32L0是基于 ARM Cortex-M0+ 内核的。以 STM32L051C8 和 SX1278IMLTRT 为例来评估 LoRaWAN 模组成本，一个 LoRaWAN 模组的市场价格范围应该是在 6～10美元。当然，不同厂家由于其采购和加工制造成本不同工 LoRa 模组的成本也各不相同。

五、NB-IoT 和 LoRa 方案的比较

NB-IoT 工作在授权频段，设备需要入网许可，干扰相对会少。LoRa 工作在免授权频段，免授权频段的设备种类相对多，难免会受到其他无线设备的干扰。LoRa 的优势在于其专利技术，即使在复杂的环境中依然能保持较高的接受灵敏度，抗干扰能力强。LoRa 和和 NB-IoT 的数据速率是不同的，LoRa 数据速率可达 50kbps，NB-IoT 可达 200kbps。两种技术的数据速率不同实际上也形成了不同的市场细分应用，可根据实际工程需求选择适合的技术。

从 NB-IoT 和 LoRa 芯片产品来看，很多产品都集成了 MCU 或处理器，这样可以更方便地进行信号和数据处理以及通信协议管理。

NB-IoT 和 LoRa 无线网络部署的环境不同，通信距离也会有所不同。在实际部署的时候需要考虑到"盲区"的问题。也可以结合其他的无线技术（如FSK 等）解决信号的"盲区"问题（当然，PCB 的设计和天线的匹配也会影响到通信距离的远近）。

不少的公司 NB-IoT 芯片支持多种技术标准，可以满足了更多的市场细分需求。LoRa 通过授权可以做成 SoC 或 SiP 产品，并与一些产品技术融合满足不

同的市场需求。如,Semtech 的 EV8600 就是是 PLC 与 LoRa 相结合的 SoC 产品。

NB-IoT 和 LoRa 在电池产品应用中,存在一个共同的缺点,因为功耗问题,无法做到实时通信,只适合条件或定时上传,而对实时双向要求较高的场景,是一个问题,不过,LoRa 可以启动低功耗 FSK 短距离组网方式,实现双向实时通信;NB-IoT 只能通过不停地与平台通信(平台是否能够唤醒低功耗状态下的设备,还有待验证!),获取下行指令,但过于频繁,将加大功耗,如通信频率降低,将出现用户体验感下降的问题。

NB-IoT 和 LoRa 各有千秋,各有自己的优势。需要根据实际的工程需求情况及自身情况合理选择适当的技术。

NB-IoT 和 LoRa 都还处于发展的起步阶段,需要各方的投入和共同的发展。当大规模部署成为一种现实可能的时候,NB-IoT 和 LoRa 模组成本自然也会进一步降低。在这新一波的物联网发展的行情中,先把工程落地,才有赢得先人一步的机会。NB-IoT 和 LoRa 不仅仅需要产品的创新,更需要工程应用的创新。

就技术方案而言,在短时间内,NB-IoT 和 LoRa 肯定会并行,有共同点、各有优点、各有缺点,很难说谁压倒谁,但是,如果受到技术方案以外的因素影响,比如赢利模式的创新,与应用行业的紧密结合,借助行业的影响力,那么什么都有可能。

第二章　NB-IoT技术及应用

物联网应用发展已经超过 10 年，但采用的大多是针对特定行业或非标准化的解决方案，存在可靠性低，安全性差，操作维护成本高等缺点。基于多年的业界实践可以看出，物联网通信能否成功发展的一个关键因素是标准化。与传统蜂窝通信不同，物联网应用具有支持海量连接数、低终端成本、低终端功耗和超强覆盖能力等特殊需求。这些年来，不同行业和标准组织制订了一系列物联网通信方面的标准，例如针对机器到机器（M2M）应用的码分多址（CDMA）2000 优化版本，长期演进（LTE）R12 和 R13 的低成本终端 category0 及增强机器类型通信（eMTC），基于全球移动通信系统（GSM）的物联网（IoT）增强等，但从产业链发展以及技术本身来看，仍然无法很好满足上述物联网应用需求。其他一些工作于免授权频段的低功耗标准协议，如：LoRA、Sigfox、Wi-Fi，虽然存在一定成本和功耗优势，但在信息安全、移动性、容量等方面存在缺陷，因此，一个新的蜂窝物联网标准需求越来越迫切。

在这个背景下，第 3 代合作伙伴计划（3GPP）于 2015 年 9 月正式确定窄带物联网（NB-IoT）标准立项，全球业界超过 50 家公司积极参与，标准协议核心部分在 2016 年 6 月宣告完成，并正式发布基于 3GPP LTE R13 版本的第 1套 NB-IoT 标准体系。随着 NB-IoT 标准的发布，NB-IoT 系统技术和生态链将逐步成熟，或将开启物联网发展的新篇章。

NB-IoT 系统预期能够满足在 180 kHz 的传输带宽下支持覆盖增强（提升20dB 的覆盖能力）、超低功耗（5Wh 电池可供终端使用 10 年）、巨量终端接入（单扇区可支持 50 000 个连接）的非时延敏感（上行时延可放宽到 10s 以上）的低速业务（支持单用户上下行至少 160bit/s）需求。NB-IoT 基于现有 4G LTE 系统对空口物理层和高层、接入网以及核心网进行改进和优化，以更好地满足上述预期目标。

第一节　NB-IoT 技术标准演进

一、演进简史

2013 年年初，华为与相关业内厂商、运营商启动窄带蜂窝物联网发展项目，并起名为 LTE-M（LTE for Machine to Machine）。在 LTE-M 的技术方案选择上，当时主要有两种思路：一种是基于现有 GSM 演进思路；另一种是华为提出的新空口思路，当时名称为 NB-M2M。

2014 年 5 月，由沃达丰、中国移动、Orange、Telecom Italy、华为、诺基亚等公司支持的 SI（study item，研究项目）"Cellular System Support for UltraLow Complexity and Low Throughput Internet of Things" 在 3GPP GERAN 工作组立项，LTE-M 的名字演变为 Cellular IoT，简称 CIoT。

2015 年 4 月，PCG（Project Coordination Group）会议上做了一项重要的决定：CIoT 在 GERAN 做完 SI 之后，WI（work item，实用项目）阶段要到 RAN（Radio Access Network，无线接入网）立项并完成相关协议。

2015 年 5 月，华为和高通在共识的基础上，共同宣布了一种融合的解决方案，即上行采用 FDMA 多址方式，下行采用 OFDM 多址方式，融合之后的方案名字叫做 NB-CIoT（Narrow Band Cellular IoT）。

2015 年 8 月 10 日，在 GERAN SI 阶段最后一次会议，爱立信联合几家公司提出了 NB-LTE（Narrow Band LTE）的概念。

2015 年 9 月，RAN#69 次会议上经过激烈讨论，各方最终达成了一致，NB-CIoT 和 NB-LTE 两个技术方案进行融合形成了 NB-IoTWID。NB-CIoT 演进到了 NB-IoT（Narrow Band IoT）。

2016 年 6 月 16 日，NB-IoTR 核心协议在 RAN1、RAN2、RAN3、RAN4 四个工作组均已冻结。性能规范在 3GPP RAN4 工作组，于 2016 年 9 月份结束。性能规范 NB-IoT 与 eMTC 同时进行，同时完成。

二、开放的平台

就在 MWC2016（世界移动通信大会）举办前一天，GSMA（全球移动通信系统协会）联合企业各方举办全球首届 NB-IoT 峰会，并在会上成立 NB-IoT 论坛。该联盟成员包括全球主流运营商、网络设备厂家以及主要芯片模组厂家等诸多产业链企业。有超过 20 家垂直行业企业参加了此次峰会。以智能抄表行业为例，目前家庭拥有水表、电表、煤气表以及暖气表等很多表，这些背后的企业很多。如此多的参与方，会出现大量协同方面的问题，业界需要一个开放的平台加速产业的前进步伐。而且，新标准制定需要开放平台去推动。

对此，诸多运营商联合包括华为在内的电信设备商一起搭建了 Open Lab。借助 Open Lab，垂直行业厂家就能很轻松地在实际现网上验证自身的物联网应用、网络以及商业模式。

随着 3GPP 标准在 2016 年 6 月份冻结，经过市场的洗礼后，NB-IoT 会在 LPWA 市场的多个技术竞争中脱颖而出，成为领先运营商的最佳选择。同时 2016 年也成为 NB-IoT 的商用元年。

很多芯片厂家和模组厂家已经支持 NB-IoT 发展，在网络方面，华为也已推出支持 NB-IoT 的系统。而许多其他网络设备供应商也实现了对 NB-IoT 的支持。

运营商在发展 NB-IoT 方面表现得十分迫切。垂直行业也提出了他们对技术的要求：终端电池寿命要达到 10 年以上，安全性必须完全满足，且 2017 年要能够商用。

用户案例是 NB-IoT 或者说蜂窝物联网要成功非常关键的一点。现在借助 Open Lab，业界已经讨论如何去使更多的用户案例。目前智能停车、智能水表、智能追踪等用户案例已经完成实验室验证，有些已经进入市场。

在 GSMA NB-IoTForum 的倡导之下，华为与运营商共同建立开发实验室，加强企业间合作。后来，华为与中国移动、阿联酋电信、LG Uplus、上海联通、意大利电信和沃达丰在全球成立六个 NB–IoT 开放实验室，专注于 NB–IoT 的联合创新、产业发展、集成验证，探索全新的商用案例与商业模式，并将成果整个行业。

华为与移动运营商沃达丰联手建立 NB–IoT 开放实验室，以推动 NB–IoT 技术的发展和推广。使用预标准 NB–IoT 技术的 NB–IoT 开放实验室将研究网络解决方案验证、新应用创新、设备集成、业务模式研究以及产品合格验证等。

2016 年 6 月 16 日，在韩国釜山召开的 3GPPRAN 全会第七十二次会议上，NB–IoT 作为大会的一项重要议题，其对应的 3GPP 协议相关内容获得了 RAN 全会批准，标志着受无线产业广泛支持的 NB–IoT 标准核心协议的相关研究全部完成。标准化工作的成功完成也标志着 NB–IoT 即将进入规模商用阶段，物联网产业发展蓄势待发。

随着标准的冻结，将有更多的产业链企业加入 NB–IoT 阵营，这将促使 NB–IoT 迅速规模化商用。NB–IoT 的商用也将构建全球最大的蜂窝物联网生态系统。窄带物联网巨大的"蓝海"市场已经开启，并将在未来出现爆炸式增长。

三、巨头结盟

2015 年 11 月，中国移动，中国联通，爱立信，阿联酋电信，GSMA，GTI，华为，英特尔，LG Uplus，诺基亚，高通，意大利电信，西班牙电信和沃达丰（排名顺序按照英文字母）等全球主流运营商，设备、芯片厂商及相关国际组织齐聚香港，共商产业大计，筹划成立 NB–IoT 产业论坛。此次峰会的圆满召开为下一步论坛的成立奠定了良好基础。NB–IoT 论坛旨在团结产业及生态链伙伴，促进 NB–IoT 市场快速上市、健康发展，将极大地促进 NB–IoT 产业蓬勃成长。

NB–IoT 聚焦于低功耗广覆盖（LPWA）物联网（IoT）市场，是一种可在全球范围内广泛应用的新兴技术。具有覆盖广、连接多、速率低、成本低、功耗少、架构优等特点。NB–IoT 使用 License 频段，可采取带内、保护带或独立载波等三种部署方式，与现有网络共存。

NB–IoT 论坛的宗旨包括：

（1）加速业务应用示范和 POC 测试及现网验证，帮助 NB-IoT 解决方案更好的匹配 LPWA（低功耗广域）市场需求。

（2）引领行业伙伴共同构筑成熟的端到端产业链，以促进 NB-IoT 产业未来的快速发展及商用部署。

（3）促进 NB-IoT 在垂直市场的应用，孵化新的商业机会点。

（4）与 NB-IoT 所有产业伙伴合作，共同确保不同厂家的解决方案和业务的互联互通。

此次会议上，中国移动、阿联酋电信、LG Uplus、上海联通、意大利电信和沃达丰（排名顺序按照英文字母）共同宣布将在全球成立六个 NB-IoT 开放实验室。该实验室将专注于 NB-IoT 的业务创新、产业发展、互操作性测试以及产品合格验证。同时，做为 NB-IoT 论坛的关键组成，开放实验室还将致力于探索全新的商用案例与商业模式，并将成果分享到整个行业。

NB-IoT 论坛的筹备和开放实验室的成立标志着 NB-IoT 产业已经进入了全新的发展阶段，这将强有力的推动产业的快速成熟与商用进程。该论坛将接受现有国际组织的管理和指导，其范围，形式和目标已经开始制定，论坛成员可以在未来进行增补。

相比于 Wi-Fi、蓝牙等技术，NB-IoT 最明显的优势是数据采集和能耗。Wi-Fi、蓝牙等技术收集的数据都是传到用户手机上，难以形成大数据，且数据准确率很低、耗电量极大，两天就得充一次电；NB-IoT 联接后数据采集直接上传到云端，很精确，并且可以实现 5 年不充电。

基于此类特性，当前大量的可穿戴设备、智能门、窗、温度计均是 NB-IoT 的市场。庞大的市场吸引的不只是电信玩家，诸如高通、Intel 等一批芯片、传感器巨头也加入到了 NB-IoT 阵营，而他们的市场远远超过电信运营商。

据华为介绍，高通、Quectel、瑞士企业 ublox 等一批芯片企业都是华为在 NB-IoT 技术上的合作伙伴。除此之外，华为旗下多个产品线也启动了物联网的联合研发。2014 年 9 月，华为 2500 万美元收购了英国的芯片公司 Neul。目前该公司已经推出了 NB-IoT 芯片。此前，华为还针对物联网推出了 Lite OS 操作系统。

2016 年 7 月，致力于物联网芯片的巨头 Intel 也加入 NB-IoT 阵营。当月，Intel、爱立信、诺基亚曾宣布携手致力于面向 IoT 的下一代无线连接。在 3GPP 正式命名 NB-IoT 之前，NB-LTE 也是技术前身之一。Intel 当时宣布提供 NB-LTE 芯片组的路线图，并于 2016 年提供产品。值得一提的是，爱立信是最早布局物联网的电信企业，早在 2010 年时，爱立信就提出"500 亿联接"概念，该概念此后被大量企业、研究机构引用。

在 NB-IoT 之前，物联网行业的终端、网络、芯片、操作系统、平台等各方路径不一，使得物联网"碎片化"现象严重。NB-IoT 的巨头联盟或许会成为终结碎片化、统一物联网的一个契机。

四、发展快车

2016 年 2 月 21 日 WMA2016（世界移动通信大会）在西班牙巴塞罗那召开，GSMA（全球移动通信系统协会）联合华为、沃达丰、爱立信、中国移动、中国联通、AT&T、德电、Etisalat、GTI、英特尔、KDDI、KT、LG Uplus、Mediatek、诺基亚、Oberthur Technologies、高通、意大利电信、Telefónica、u-blox、Verizon 共同发起成立了 NB-IoT Forum，并于当日召开了首届全球 NB-IoT 峰会。

NB-IoT 是目前在 3GPP 立项的应用于 LPWA（低功耗广域网）市场的蜂窝网络技术，LPWA 市场被认为是未来蜂窝物联网市场重要发展方向。其自身具备的低功耗、广覆盖、低成本、大容量等优势使其可广泛应用于远程抄表、智慧农业、资产跟踪等应用领域。

NB-IoT Forum 旨在促进产业链健康、快速、可持续发展，扩大移动运营商网络在物联网领域创新和应用。论坛鼓励运营商和设备商等合作建立 NB-IoT 开放实验室，为创新及应用提供开发和测试环境，加速技术创新和市场化。此次论坛的成立标志着 NB-IoT 产业达到了一个新的里程碑，具备了端到端全产业链生态环境。随着更多伙伴的加入，整个产业将更加快速的向前发展。

会上 GSMA、运营商、设备商、垂直行业代表分别就 NB-IoT 发展规划，NB-IoT Forum 运作，以及行业应用发展等做主题发言和精彩讨论。与会嘉宾认为，2016 年将是物联网发展具有里程碑意义的关键一年。随着 3GPP 标准在 6

月份冻结，经过市场的洗礼后，NB-IoT 会在 LPWA 市场的多个技术竞争中脱颖而出，成为领先运营商的最佳选择。同时 2016 年也将成为 NB-IoT 的商用元年。NB-IoT Forum 会发展成为横跨多个行业的最广泛的论坛组织。

在此次会议上，中兴通信正式加入并成为 GSMA NB-IoT（Narrow Band-IoT）Forum 主要成员。NB-IoT 联盟涵盖全球主流运营商、主要的设备制造商以及芯片提供商、终端模组厂商等。作为主要的设备制造商，中兴通信将与联盟中其他伙伴一起，共同推进基于蜂窝网的 NB-IoT 产业发展；协助联盟一起促进和验证 NB-IoT 技术，参与和推进 NB-IoT 相关的创新服务和应用的开发，推动 NB-IoT 的商用。

中兴通信一直是面向物联网的广域低功耗技术 NB-IoT 的主要推进者。物联网 IoT（Internet of Thing）面向海量连接，在一些物联网的场景下，例如智能抄表、生态农业、智慧停车、智能小区、智能建筑等场景，对广覆盖、低功耗、低成本终端的需求更为明确。广泛商用的 2G/3G/4G、WLAN 及其他无线技术都无法满足这些挑战，而 NB-IoT，即基于 LTE 的窄带 IoT 技术，具有低功耗、广覆盖、多连接的特征，可满足物联网场景的需求。 国际标准组织 3GPP 计划在 2016 年 6 月冻结并发布 NB-IoT 标准。中兴通信作为 NB-IoT 标准的主要贡献者之一，在 NB-IoT 技术研究和标准化工作中与同行一起积极推进，并大量投入，在空中接口核心技术例如信道设计、短码、多连接以及超低功耗方面均做出了主要贡献。

随着智能化、移动化、云化等技术的发展，多种形式的智能终端不断普及。根据预测，2020 年年底全球智能连接数将达到 1000 亿。NB-IoT 将会有效的解决对运营商网络提出的千亿连接的需求，使得电信运营商能够快速满足"物—物"互联的连接需求，是电信运营商发展的重要方向。中兴通信为运营商和产业打造了基于 NB-IoT 的端到端解决方案，积极投入对芯片、终端、系统和物联网 IoT 平台的研究，助力运营商实现未来"千亿"的连接。

中兴通信在 2015 年提出万物互联 M-ICT 的战略，提供 IoT 整体解决方案；在工业互联网、车联网、智能家居和智慧城市、智能抄表等领域均有完善的解决方案和应用。中兴通信通过优化连接，构建开放 IoT 应用使能平台，并推出适用于物联网的 SmartOS，致力于构建安全可信的生态环境，为上下游产业链的客户提供服务，帮助合作伙伴挖掘每个"BIT"的价值。中兴通信将继续与合作伙伴一起，为行业、政企、运营商客户提供领先的 IoT 端到端解决方案与服务。

2016 年 2 月 22 日，华为与移动运营商沃达丰将联手建立 NB-IoT 开放实验室，以推动 NB-IoT 技术的发展和推广。

使用预标准 NB-IoT 技术的 NB-IoT 开放实验室将研究网络解决方案验证、新应用创新、设备集成、业务模式研究以及产品合格验证等。

沃达丰集团研发总监兼 NB-IoT 论坛主席 Luke Ibbetson 表示："随着该技术在即将到来的 2017 年初实现商业部署，与开发商和解决方案提供商共同构建一个生态系统将变得至关重要。"

NB-IoT 技术将通过更加有效地连接需要较长电池寿命的对象从而扩大物联网（IoT）的应用。

沃达丰与华为将该技术融入现有位于西班牙的移动网络，然后将首个预标准 NB-IoT 信息发送至安装在水表中的 u-blox 模组。该试验将被并入 NB-IoT 开放实验室联合会。

五、电信商推动

人与人之间的通信规模已近天花板，物与物的则刚刚进入增长快车道。随着可穿戴、车联网、智能抄表等新兴市场的开启，工业 4.0、智慧城市、智慧农业等理念照进现实，万物互联的时代正加速到来。

物联网（IoT）的未来充满想象空间。华为认为，到 2025 年全球将有 1000 亿个连接，其中大部分与物联网有关。

物联网对连接的要求与传统蜂窝网络有着很大不同，窄带蜂窝物联网（NB-IoT）由此应运而生。这一由电信行业推动的新兴技术拥有覆盖广、连接多、速率低、成本低、功耗少、架构优等特点，极具商用潜力。

Machina 预测，NB-IoT 未来将覆盖 25% 的物联网连接。对面临用户饱和、OTT 冲击的运营商来说，NB-IoT 将叩开广袤的新市场，带来 3 倍以上的连接增长；而对正积极转型升级的传统行业从业者而言，它在适应场景、网络性能、可管可控及可靠性等方面亦具备运营商网络的先天优势。

人口红利消逝和流量营收"剪刀差"下，物联网成为运营商新的收入增长源泉。以沃达丰为例，其 2015 财年移动用户数增幅仅 3%，物联网连接数增幅则达到 33.5%，相关业务收入增长亦达 24.7%。但传统 2G、3G、4G 技术并不能充分满足物联网设备低功耗、低成本的连接需求。

NB-IoT 的诞生并非偶然，寄托着电信行业对物联网市场的憧憬。其前身可以追溯至华为与沃达丰于 2014 年 5 月共同提出的 NB-M2M。

由这两家公司首倡的窄带蜂窝物联网概念一经提出即得到了业界的广泛认可，随后高通、爱立信等越来越多的行业巨头加入这一方向的标准化研究中。为了促进标准的统一有利于产业发展，最终 3GPP 在 2015 年 9 月 RAN 全会达成一致，确立 NB-IoT 为窄带蜂窝物联网的唯一标准，并立项为 Work Item 开始协议撰写。

NB-IoT 在物联网应用中的优势显著，为传统蜂窝网技术及蓝牙、Wi-Fi 等短距离传输技术所无法比拟。首先其覆盖更广，在同样的频段下，NB-IoT 比现有网络增益 20dB，覆盖面积扩大 100 倍。

其次是对海量连接的支撑能力，NB-IoT 一个扇区能够支持 10 万个连接。目前全球有约 500 万个物理站点，假设全部部署 NB-IoT、每个站点三个扇区，那么可以接入的物联网终端数将高达 4500 亿个。

同时 NB-IoT 的功耗更低，仅为 2G 的 1/10，终端模块的待机时间可长达 10 年。在成本上也将更低，模块成本有望降至 5 美元之内。未来随着市场发展带来的规模效应和技术演进，功耗和成本还有望进一步降低。

此外，在支持大数据方面，NB-IoT 连接所收集的数据可以直接上传云端，而蓝牙、Wi-Fi 等技术则没有这样的便利。

低迷多时的电信运营商认为万物互联是新增长点。2015 年 11 月 4 日，在香港举办的 MBB 会议（全球移动宽带论坛）上，沃达丰电信集团呼吁全球运营商尽快商用 NB-IoT(NarrowBand-IoT)技术。NB-IoT 是目前主流电信运营商、设备商针对物联网市场在全球标准组织 3GPP 提出的最新技术。

电信行业憧憬物联网市场已超过 10 年，但由于传统 2G、3G、4G 网络并不满足物联网设备低功耗、低成本的要求，一直以来，大部分物联网设备在联接时主要使用 Wi-Fi、蓝牙等免费技术，运营商很难从中获利。目前，全球联网的物联网终端约 40 亿个，但接入运营商移动网络的终端只有 2.3 亿个左右，运营商在物联网市场占比不足 6%。

不过，针对物联网提出的 NB-IoT 有可能给运营商带来 3 倍增量。据华为轮值 CEO 胡厚崑介绍，NB-IoT 能够让接入运营商网络的物联网终端在 2020 年达到 10 亿个。或许正是这个原因，NB-IoT 被沃达丰主管 Luke Ibbeston 称之为"拥有巨大潜力的商业蓝海"。

在全球 71 亿的移动用户数前，2.3 亿个物联网联接确实占不了多少比重，但移动用户已经饱和，而物联网才刚刚起步，所以这是电信行业为数不多的几个值得期待的业务。

多数电信运营商遭遇增长停滞难题。数据显示，2015 年的财富 500 强中，入榜的 18 家电信运营商，7 家出现收入下滑，全球第九大运营商西班牙电信的收入降幅高达 11%。

移动通信市场饱和是运营商最主要的困境。2015 财年（2014 年 3 月至 2015 年 3 月），沃达丰占比 71% 的移动业务收入出现下降，且用户数增速只有 3%。相比之下，沃达丰来自物联网业务的收入则同比增长了 24.7%，物联网联接数也从 2014 财年的 1610 万增长至 2150 万，增幅 33.5%。

根据沃达丰财报数据计算，每个移动用户可以给沃达丰贡献 105 美元的年收入，而每个物联网联接贡献的年收入为 27.8 美元。但为移动用户提供网络服务，需要巨额的网络建设成本和维护成本，而物联网业务几乎都在现有网络的基础上提供，成本极低，27.8 美元绝大多数都是利润。

截至 2016 年年底，沃达丰的物联网业务分布于 27 个国家，但大多仍部署在传统移动网络上，功耗、联接数限制、成本等因素制约了其业务的增长速度。2014 年 5 月，沃达丰与华为提出 NBM2M 技术，试图通过改进现有网络提供低成本、低功耗的物联网联接，NBM2M 也是 NB-IoT 的前身。2015 年 9 月，国际标准组织 3GPP 在美国凤凰城通过了名为 NB-IoT 的 WorkItem（WI）立项决议，根据计划，NB-IoT 标准于 2016 年 3 月的 3GPP R13 完成标准冻结，届时 NB-IoT 的规模商用启动。

六、商用测试

2010 年起，上海联通率先开展了以用户感知为导向的"全业务服务体系"建设，实现企业发展的"双轮驱动模式"，以"发展"为前轮，快速扩展市场；以"服务"为后轮，纠偏平衡确保企业发展。五年时间，上海联通取得了收入翻番、利润翻番、用户规模翻番、网络规模翻番、客户满意度逐年提升的优秀成绩。

然而，转型压力仍然巨大。上海市的移动通信市场已经是一个完全饱和的市场，人口红利已近消失。更多是深挖存量市场、维护现有用户，在优质的移动宽带网络下为用户提供更加丰富多彩的优质内容，培养流量使用习惯。

在集团层面，网络创新转型一直以来也是极为重要的课题，曾明确提出"网络创新转型不能再是单独的就网络说网络，必须要能支撑市场业务或者支撑模式创新"。

2016 年 2 月，上海联通运维部与集客部在对于网络创新转型进行了一系列的探讨，将方向定在了万物互联上。万物互联大幅增长对网络的压力是什么？上海联通相关负责人告诉 C114，当时主要考虑的是连接数。物的连接增长没有历史数据、范围又广，无法预估，如遇突发情况，信令连接会"爆掉"。

出于这一考虑，上海联通与众多合作伙伴进行了深入的交流，当时 NB-IoT 的前身 LTE-M（C114 注：2016 年 9 月由国际电联正式命名为 NB-IoT）进入其视线。LTE-M 可以有效解决物联网方面的问题，且后续有着良好发展前景，上海联通最终以此为基础，携手合作伙伴在位于金桥的宁桥路机房进行部署。

然而，4.5G 有什么业务可作切入？在对众多行业进行考量后，双方于2017 年 4 月确定先从两个业务入手，分别是智能停车和智能水表。这两个业务从芯片成熟度一直到下游合作厂商整个产业链相对比较成熟，具有良好的持续性。业务确定后就进入了马不停蹄的快速建设中，赶在7月亚洲移动大会·上海站之前正式上线，并在大会上隆重展示。

上海联通在宁桥路的两个停车场，共计20多个停车位，全部安装了带有4.5G

NB-IoT芯片和一个地磁感应芯片的监测器，数据先传输到5楼的基站、再传到1楼的创新孵化基地，通过机房的集中管理平台实现更加智能的停车功能。与传统的停车方案相比，智能停车业务改变了需通过中继网关收集信息再反馈给基站所存在的复杂网络部署、多网络组网、高成本、大容量电池等诸多问题，可以实现整个城市一张网，便于维护和管理，与物业分离更易寻址安装等优势。

当前抄表方案存在着深度覆盖差、功耗大、成本高的挑战。而智能水表业务通过在水箱里面集成一块带有特殊芯片的电路板，不但可以实现更为精准的抄表数据传输，更可以智能监测控制水箱开关，凸显了NB-IoT技术在覆盖增强方面的优势。

中国联通将智慧城市的试验基地扎根在上海，上海成为其探索智慧交通生活的前沿阵地。而上海联通早在2011年就开始发展物联网业务，其中最为突出的便是车联网应用。

上海联通打造了多项智慧"沃"交通的整体解决方案，从数据通信传输能力的提供者到车联网（Telematics）及相关服务的提供者，从传统业务平台的提供者到资讯平台，乃至商务平台的系统整合者，各个领域均有不少成功案例。无论是宝马的"互联驾驶"、巴士公司的"智能出租"，还是116114的"一键导航"，上海联通皆交出了一份出色答卷。

作为宝马"互联驾驶"的一级供应商，中国联通一方面为宝马公司提供基础的3G移动通信服务（MNO）；另一方面，整合自身信息服务能力和宝马的其他供应商的专业能力，共同提供Telematisc服务平台系统集成（TSSP）、呼叫中心（CallCenter）和信息内容服务（Content）等整合的汽车信息化服务。这是中国运营商第一次以整体服务提供商的角色参与车厂前装车载信息服务（Telematics）项目。

据前述负责人介绍，到2016年为止，上海联通物联网用户已经突破了100万（卡），其中4成是3G，主要是车载物联网；6成是2G，包括POS机、小区储物柜等。上海联通希望"网络创新可以更好地适应万物互联时代到来"，前台部门、网络建设维护部门都将参与到这个领域中来。

沃达丰和华为都宣称，他们将NB-IoT与现有网络基础设施融合，进行了世界上首个利用此技术的测试。华为还表示这次测试仅仅是 NB-IoT 设备一系列可能性的开始；在未来还会出现各种企业应用，例如公用事业水表、传感监测以及资产跟踪等。

华为无线网络业务部总裁汪涛（David Wang）表示："NB-IoT 技术已经得到了业界的认可。通过与沃达丰的联合创新，进一步加强了我们为客户提供创新解决方案、帮助客户满足业务需求以及引领技术和产业生态系统发展的愿景。我们将与沃达丰一起，构建一个网络连接更发达的世界。"

沃达丰集团架构和创新事业部总监 Matt Beal 称，此次演示证明了运营商在 IoT 领域的作用——M2M 已经是一个成功且不断成长的市场。他说道："沃达丰已经引领了 NB-IoT 的发展，授权频谱 LPWA 技术已经得到了业界广泛的支持。此次与华为合作完成的首次商用测试也进一步说明了这一点。一旦正式商用后，NB-IoT 将为企业客户带来切实的利益，更多设备将会通过网络连接至 IoT。"

七、实践成果

尽管标准制定尚未完成，NB-IoT 应用已经逐渐铺开，并在实践中得到了各方肯定。2015 年世界移动通信大会（MWC 2015）期间，沃达丰与华为就联合展示了智能抄表业务。

广东联通积极响应国家"互联网 +"战略，与华为针对 NB-IoT 展开合作，成立物联网联合创新项目组。结合联通在平台、网络和运营的强项与华为在标准、芯片和模组成本的优势，共同探索并实施可落地的物联网业务，通过真实的业务需求和场景将 NB-IoT 技术与之相融合，推进物联网产业发展。双方选择了社会价值较大、产业链相对成熟的智能停车等为切入点。

随着国内生活水平的提高，汽车已经进入寻常百姓家，但也带来"停车难"等问题——据调查，平均每位司机有 20% 的时间用在寻找停车位上，而广东作为国内发达省份之一，这一现象更为突出。

在深圳，智能停车业务已经开始推行，用户只要安装看 APP 即可通过收据查找附件停车位，并可支持导航等功能。与传统的停车方案相比，这一基于 NB-IoT 的试点改变了需要通过中继网关收集信息再反馈给基站所存在的复杂网络部署、多网络组网、高成本等诸多问题，真正实现整个城市一张网，便于维护和管理。

与智能停车类似，NB-IoT 在智慧农业、智能制造等低功耗广域网领域也具有广泛的应用前景。由于应用场景特殊带来的高技术要求，这些应用一直缺乏专有的无线技术，NB-IoT 可以很好地填补这一市场空白，从而支撑物联网向更广大的领域发展。

一项技术由纸面到商用离不开一个强大生态系统的支撑。长期以来，物联网连接技术各自为战，从芯片到系统各方采用的规范不一，造成大规模部署的瓶颈。

如今，围绕 NB-IoT 的生态已初步成型，并在持续扩大中，拥抱万物互联的条件开始成熟。在网络设备供应商层面，华为、爱立信等领导者均已推出了基于 NB-IoT 的端到端解决方案。

运营商层面，中国移动、中国联通以及沃达丰、德国电信、阿联酋电信、意大利电信、AT&T 等全球顶尖运营商皆就 NB-IoT 发布了各自的发展计划，并展开试点。

垂直行业中，越来越多厂商开始采用 NB-IoT 技术来提升竞争力。比如具备智能追踪、超距告警、电子锁控制、电池监控等功能的智能拉杆箱，还有厂商推出了具备位置定位防盗功能及信息上传、跟踪功能的智能自行车。此外，在市政的路灯和垃圾管理、环境监测和畜牧养殖灌溉等领域，NB-IoT 的部署亦日益增多。

八、后续演进及未来发展

2016 年 6 月，3GPP 在完成基于 R13 的 NB-IoT 技术标准的同时批准了 R14 NB-IoT 增强的立项，涉及定位、多播传输、多载波接入及寻呼、移动性等增强型功能以及支持更低功率终端，在 2017 年 6 月完成标准化工作。

NB-IoT 中存在的软件下载等典型业务使用多播传输技术，对于提高系统资源使用效率有很大益处。但与传统 LTE 中主要支持多媒体广播多播的应用场景有所不同，其对传输可靠性要求更高。因此 R14 NB-IoT 需要重点解决带宽受限条件下的高可靠单小区多播控制信道（SCMCCH）和单小区多播传输信道（SCMTCH）传输问题，无线侧基于特定重复模式或交织方式的高效重传是值得考虑的解决方案。另一方面还需研究与终端省电密切相关的、优化的多播业务传输控制信息更新指示。

通过 SC-MCCH 和 SC-MTCH 的调度信息来发送控制信息更新指示，可以提高更新指示传输效率并有助于降低终端功耗。R14 NB-IoT 还将引入多载波接入及寻呼功能，以便进一步提高窄带系统的容量。基于多载波部署，将会引入兼顾灵活性和信令开销的随机接入及寻呼资源配置方案，以及能够保证终端公平性及网络资源利用率最大化的载波选择以及重选算法。随着 NB-IoT 标准体系逐步完善，3GPP 也将海量机器类型通信（mMTC）作为 5G "新无线"（NR）的典型部署场景之一，列入未来标准化方向。mMTC 将在连接密度、终端功耗及覆盖增强方面进一步优化。NB-IoT 标准为了满足物联网的需求应运而生，中国市场启动迅速，中国移动、中国联通、中国电信都在 2017 年上半年实现商用，在运营商的推动下，NB-IoT 网络将成为未来物联网的主流通信网之一，随着应用场景的扩展，NB-IoT 网络将会不断演进以满足各种不同需求。

第二节 NB-IoT 特性

NB-IoT 属于 LPWA 技术的一种，它具备强覆盖、低成本、小功耗、大连接这四个关键特点。

一、强覆盖特性

较 GSM 有 20db 增益：

（1）采用提升 IoT 终端的发射功率谱密度（PSD，Power spectral density）。

（2）通过重复发送，获得时间分集增益，并采用低阶调制方式，提高解调性能，增强覆盖。

（3）天线分集增益，对于 1T2R 来说，比 1T1R 会有 3db 的增益。

20db= 7db（功率谱密度提升）+ 12db（重传增益）+ 0 ～ 3db（多天线增益）

二、低成本特性

NB-IoT 基于成本考虑,对 FDD-LTE 的全双工方式进行阉割,仅支持半双工。带来的好处当然是终端实现简单,影响是终端无法同时收发上下行,无法同时接收公共信息与用户信息。

（1）上行传输和下行传输在不同的载波频段上进行。

（2）基站 / 终端在不同的时间进行信道的发送 / 接收或者接收 / 发送。

（3）H-FDD 与 F-FDD 的差别在于终端不允许同时进行信号的发送与接收,终端相对全双工 FDD 终端可以简化,只保留一套收发信机即可,从而节省双工器的成本。

（4）NB-IoT 终端工作带宽仅为传统 LTE 的 1 个 PRB 带宽（180K）,带宽小使得 NB 不需要复杂的均衡算法。

带宽变小后,也间接导致原有宽带信道、物理层流程简化。下面仅粗略讲解,以后单独成系列篇讲解物理层。

下行取消了 PCFICH、PHICH 后将使得下行数据传输的流程与原 LTE 形成很大的区别,同样一旦上行取消了 PUCCH,那么必然要解决上行控制消息如何反馈的问题,这也将与现网 LTE 有很大的不同。

（1）终端侧 RF 进行了阉割,主流 NB 终端支持 1 根天线（协议规定 NRS 支持 1 或者 2 天线端口）。

（2）天线模式也就从原来的 1T /2R 变成了现在的 1T/1R,天线本身复杂度,当然也包括天线算法都将有效降低。

（3）FD 全双工阉割为 HD 半双工,收发器从 FDD-LTE 的两套减少到只需要一套。

（4）低采样率,低速率,可以使得缓存 Flash/RAM 要求小（28 kByte）。

（5）低功耗,意味着 RF 设计要求低,小 PA 就能实现。

（6）直接砍掉 IMS 协议栈,这也就意味着 NB 将不支持语音（注意实际上 eMTC 是可以支持的）。

各层均进行优化：

（1）PHY 物理层：信道重新设计，降低基本信道的运算开销。比如 PHY 层取消了 PCFICH、PHICH 等信道，上行取消了 PUCCH 和 SRS。

（2）MAC 层：协议栈优化，减少芯片协议栈处理流程的开销。

①仅支持单进程 HARQ（相比于 LTE 原有的最多支持 8 个进程 process，NB 仅支持单个进程。）；

②不支持 MAC 层上行 SR、SRS、CQI 上报。没了 CQI，LTE 中的 AMC（自适应调制编码技术）功能不可用；

③不支持非竞争性随机接入功能；

④功控没有闭环功控了，只有开环功控（如果采用闭环功控，算法会麻烦得多，调度信令开销也会很大）。

（3）RLC 层：不支持 RLC UM（这意味着没法支持 VoLTE 类似的语音）、TM 模式（在 LTE 中走 TM 的系统消息，在 NB 中也必须走 AM）。

（4）PDCP：PDCP 的功能被大面积简化，原 LTE 中赋予的安全模式、RoHC 压缩等功能直接被阉割掉。

（5）在 RRC 层：没有了 mobility 管理（NB 将不支持切换）；新设计 CP、UP 方案简化 RRC 信令开销；增加了 PSM、eDRX 等功能减少耗电。

三、小功耗特性

PSM 技术原理，即在 IDLE 态下再新增加一个新的状态 PSM（idle 的子状态），在该状态下，终端射频关闭（进入冬眠状态，而以前的 DRX 状态是浅睡状态），相当于关机状态（但是核心网侧还保留用户上下文，用户进入空闲态／连接态时无需再附着／PDN 建立）。

在 PSM 状态时，下行不可达，DDN 到达 MME 后，MME 通知 SGW 缓存用户下行数据并延迟触发寻呼；上行有数据／信令需要发送时，触发终端进入连接态。

终端何时进入 PSM 状态，以及在 PSM 状态驻留的时长由核心网和终端协商。如果设备支持 PSM（Power Saving Mode），在附着或 TAU（Tracking Area

Update）过程中，向网络申请一个激活定时器值。当设备从连接状态转移到空闲后，该定时器开始运行。当定时器终止，设备进入省电模式。进入省电模式后设备不再接收寻呼消息，看起来设备和网络失联，但设备仍然注册在网络中。UE 进入 PSM 模式后，只有在 UE 需要发送 MO 数据，或者周期 TAU/RAU 定时器超时后需要执行周期 TAU/RAU 时，才会退出 PSM 模式，TAU 最大周期为310 小时。

eDRX（Extended DRX）DRX 状态被分为空闲态和连接态两种，依次类推 eDRX 也可以分为空闲态 eDRX 和连接态的 eDRX。不过在 PSM 中已经解释，IoT 终端大部分呆在空闲态，所以咱们这里主要讲解空闲态 eDRX 的实现原理。

eDRX 作为 Rel-13 中新增的功能，主要思想即为支持更长周期的寻呼监听，从而达到节电目的。传统的 2.56s 的寻呼间隔对 IoT 终端的电量消耗较大，而在下行数据发送频率小时，通过核心网和终端的协商配合，终端跳过大部分的寻呼监听，从而达到省电的目的。

四、大连接特性

每个小区可达 50K 连接，这意味着在同一基站的情况下，NB-IoT 可以比现有无线技术提供 50 ～ 100 倍的接入数。

第一：NB 的话务模型决定。NB-IoT 的基站是基于物联网的模式进行设计的。它的话务模型是终端很多，但是每个终端发送的包小，发送包对时延的要求不敏感。基于 NB-IoT，基于对业务时延不敏感，可以设计更多的用户接入，保存更多的用户上下文，这样可以让 50k 左右的终端同时在一个小区，大量终端处于休眠态，但是上下文信息由基站和核心网维持，一旦有数据发送，可以迅速进入激活态。

第二：上行调度颗粒小，效率高。2G/3G/4G 的调度颗粒较大，NB-IoT 因为基于窄带，上行传输有两种带宽 3.75kHz 和 15kHz 可供选择，带宽越小，上行调度颗粒小很多，在同样的资源情况下，资源的利用率会更高。

第三：减小空口信令开销，提升频谱效率。NB-IoT 在做数据传输时所支持的 CP 方案（实际上 NB 还支持 UP 方案，不过目前系统主要支持 CP 方案）

做对比来阐述 NB 是如何减小空口信令开销的。CP 方案通过在 NAS 信令传递数据（DoNAS），实现空口信令交互减少，从而降低终端功耗，提升了频谱效率。

五、NB-IoT 物理层特性

NB-IoT 系统支持 3 种操作模式：独立操作模式、保护带操作模式及带内操作模式。

• 独立操作模式：利用目前 GSM/EDGE 无线接入网（GERAN）系统占用的频谱，替代已有的一个或多个 GSM 载波。

• 保护带操作模式：利用目前在 LTE 载波保护带上还没有使用的资源块。

• 带内操作模式：利用 LTE 载波内的资源块。

1.NB-IoT 下行链路

NB-IoT 系统下行链路的传输带宽为 180 kHz，采用了现有 LTE 相同的 15 kHz 的子载波间隔，下行多址方式（采用正交频分多址 OFDMA 技术）、帧结构（时域由 10 个 1 ms 子帧构成 1 个无线帧，但每个子帧在频域只包含 12 个连续的子载波）和物理资源单元等也都尽量沿用了现有 LTE 的设计。

针对 180 kHz 下行传输带宽的特点以及满足覆盖增强的需求，NB-IoT 系统缩减了下行物理信道类型，重新设计了部分下行物理信道、同步信号和参考信号，包括：重新设计了窄带物理广播信道（NPBCH）、窄带物理下行共享信道（NPDSCH）、窄带物理下行控制信道（NPDCCH），窄带主同步信号（NPSS）/ 窄带辅主同步信号（NSSS）和窄带参考信号（NRS）；不支持物理控制格式指示信道 [子帧中起始 OFDM 符号根据操作模式和系统信息块 1（SIB1）中信令指示] 和不支持物理混合重传指示信道 [采用上行授权来进行窄带物理上行共享信道（NPUSCH）的重传]；并在下行物理信道上引入了重复传输机制，通过重复传输的分集增益和合并增益来提升解调门限，更好地支持下行覆盖增强。

为了解决增强覆盖下的资源阻塞问题（例如，为了最大 20 dB 覆盖提升需求，在带内操作模式下，NPDCCH 需要 200 ～ 350ms 的重复传输，NPDSCH 则需要 1200 ～ 1900 ms 重复传输，如果资源被 NPDCCH 或 NPDSCH 连续占用，将会阻塞其他终端的上 / 下行授权或下行业务传输），引入了周期性的下行传输间隔。

2.NB-IoT 上行链路

NB-IoT 系统上行链路的传输带宽为 180 kHz，支持 2 种子载波间隔：3.75 kHz 和 15 kHz。对于覆盖增强场景，3.75 kHz 子载波间隔与 15 kHz 子载波间隔相比能提供更大的系统容量，但是，在带内操作模式场景下，15 kHz 子载波间隔比 3.75 kHz 子载波间隔有更好的 LTE 兼容性。

上行链路支持单子载波和多子载波传输，对于单子载波传输，子载波间隔可配置为 3.75 kHz 或 15 kHz；对于多子载波传输，采用基于 15 kHz 的子载波间隔，终端需要指示对单子载波和多子载波传输的支持能力（例如，通过随机接入过程的 msg1 或 msg3 指示）以便基站选择合适的方式。无论是单子载波还是多子载波，上行都是基于单载波频分多址（SCFDMA）的多址技术。对于 15 kHz 子载波间隔，NB-IoT 上行帧结构(帧长和时隙长度)和 LTE 相同；而对于 3.75 kHz 子载波间隔，NB-IoT 新定义了一个 2 ms 长度的窄带时隙，一个无线帧包含 5 个窄带时隙，每个窄带时隙包含 7 个符号并在每个时隙之间预留了保护间隔，用于最小化 NB-IoT 符号和 LTE 探测参考信号（SRS）之间的冲突。

NB-IoT 系统也缩减了上行物理信道类型，重新设计了部分上行物理信道，包括：重新设计了窄带物理随机接入信道（NPRACH）、NPUSCH；不支持物理上行控制信道（PUCCH）。为了更好地支持上行覆盖增强，NBIoT 系统在上行物理信道上也引入了重复传输机制。

由于 NB-IoT 终端的低成本需求，配备了较低成本晶振的 NB-IoT 终端在连续长时间的上行传输时，终端功率放大器的热耗散导致发射机温度变化，进而导致晶振频率偏移，严重影响到终端上行传输性能，降低数据传输效率。为了纠正这种频率漂移，NB-IoT 中引入了上行传输间隔，让终端在长时间连续传输中可以暂时停止上行传输，并且利用这段时间切换到下行链路，同时可以利用 NPSS/NSSS NRS 信号进行同步跟踪以及时频偏补偿，通过一定时间补偿后(比如频偏小于 50 Hz)，终端将切换到上行继续传输。

六、NB-IoT 空口高层特性

NB-IoT 系统在空口高层主要是对现有 LTE 的控制面和用户面机制进行优化或简化，以达到降低系统复杂度和终端功耗，节省开销以及支持覆盖增强和更有效的小数据传输等一系列目的。

1.RC 信令流程优化

NB-IoT 系统相比于 LTE 系统，在功能上做了大幅简化，相应的无线资源控制（RRC）处理过程也明显减少，特别是对连接态移动性功能的简化，不支持连接态测量上报和切换。对于控制面优化传输方案，空口信令流程被大幅缩减，最少只需 3 条空口 RRC 消息来建立无线信令承载并进行数据传输，无需激活接入层安全和无需建立无线数据承载。

对于用户面优化传输方案，可以在首次接入网络时激活接入层安全，建立无线信令和数据承载，通过连接挂起过程在终端和基站存储终端的接入层上下文，挂起无线承载；后续通过连接恢复过程恢复无线承载并重新激活接入层安全来进行数据传输。通过连接恢复过程，空口信令流程也被大幅缩减。

2. 系统消息优化

由于 NB-IoT 系统功能的简化，系统消息的类型减少且每个系统消息需要包含的信息也相应减少，而物理层广播信道的重新设计使得 NB-IoT 系统的主信息块（MIB）消息也不同于 LTE 系统，因此，在 NB-IoT 系统中最终重新定义了一套系统消息，包括窄带主信息块（MIB-NB）、窄带主信息块 1（SIB1-NB）～ SIB5-NB、SIB14-NB、SIB20-NB 等 8 条系统消息，各条系统消息基本沿用了 LTE 相应系统消息的功能。

为了提升资源效率，NB-IoT 中系统消息的调度方式由 LTE 采用的动态调度改为半静态调度，包括：SIB1-NB 的调度资源由 MIB-NB 指定，其他 SIB 的时域资源由 SIB1-NB 指定。

为了降低终端接收系统消息带来的功耗和网络发送系统消息带来的资源占用，NB-IoT 系统的系统消息处理采用了以下机制，包括：系统消息的有效时间从 LTE 的 3 个小时扩展为 24 个小时，MIB-NB 消息中携带系统消息改变的指示标签，SIB1-NB 中携带了针对每个系统信息（SI）改变的单独的指示标签，连接态终端不读取系统消息，允许通过 NPDCCH 的控制信息直接指示系统消息变更等。

3. 寻呼优化

为了满足 NB-IoT 终端超长待机时间的要求，NB-IoT 系统的寻呼机制也进行了优化，支持以超帧为单位（1 个超帧包含 1024 个无线帧）的长达 3 个小时的扩展非连续接收（DRX）；为了提升终端在扩展 DRX 周期内的寻呼接收成功率，NB-IoT 系统引入了寻呼传输窗（PTW），允许在 PTW 内多次寻呼终端。

4. 随机接入过程优化

针对覆盖增强需求，NB-IoT 系统采用了基于覆盖等级的随机接入；终端根据测量到的信号强度判断当前所处的覆盖等级，并根据相应的覆盖等级选择合适的随机接入资源发起随机接入。为了满足不同覆盖等级下的数据传输要求，基站可以给每个覆盖等级配置不同的重复次数、发送周期等，例如，处于较差覆盖等级下的终端需要使用更多的重复次数来保证数据的正确传输，但同时为了避免较差覆盖等级的终端占用过多的系统资源，可能需要配置较大的发送周期。

5. 接入控制

物联网终端数量巨大，需要有效的接入控制机制来保证控制终端的接入和某些异常上报数据的优先接入。NB-IoT 系统的接入控制机制充分借鉴了 LTE 系统的扩展接入限制（EAB）机制（SIB14）和随机接入过程的 Backoff 机制，并通过在 MIB-NB 中广播是否使能接入控制的指示降低终端尝试读取的 SIB14-NB 的功耗。

6. 数据传输机制优化

针对 NB-IoT 系统低复杂度且数据包具有时延不敏感、低速、不频繁、量小等特性，空口数据传输的各协议层功能进行了相应简化。分组数据汇聚协议（PDCP）数据包的大小从 LTE 的 8188 字节缩减为不超过 1600 字节，可以相应地降低对缓冲区的要求，有利于降低 NB-IoT 设备的成本。对于控制面优化传输方案，不需要支持接入层安全中要求 PDCP 实现的加密和完整性保护，甚至不可以使用 PDCP 层，减少了 PDCP 协议头的额外开销；对于用户面优化传输方案，允许在连接恢复时继续使用原有的头压缩上下文但需要重置空口加密和完整性保护参数。无线链路层控制协议（RLC）层仅支持透明传输和确认传输模式，不支持无确认传输模式。媒体访问控制（MAC）层对调度、混合自动重传请求（HARQ）及连接态 DRX 等关键技术过程也进行了简化和相应的优化，仅支持对逻辑信道的优先级设置但不进行速率保证，调度请求通过随机接入触发（NB-IoT 不支持 PUCCH）；仅支持一个 HARQ 处理过程，上行 HARQ 从 LTE 的同步 HARQ 改为异步 HARQ，连接态 DRX 仅支持长 DRX 周期操作，支持在初始连接建立的随机接入过程携带终端的数据量报告以便基站能够为终端合理的分配传输资源。

七、NB-IoT 接入网特性

NB-IoT 系统的接入网基于现有 LTE 的 X2 接口和 S1 接口进行相关的优化。X2 接口用以在 eNodeB 和 eNodeB 之间实现信令和数据交互。在 NBIoT 系统中，X2 接口在基于 R13 的版本不支持 eNodeB 间的用户面操作，主要是在控制面引入了新的跨基站用户上下文恢复处理，在用户面优化传输方案下，挂起的终端移动到新基站发起 RRC 连接恢复过程，携带先前从旧基站获得的恢复 ID，新基站在 X2 接口向旧基站发起用户上下文获取流程，从旧基站获取终端在旧基站挂起时保存的用户上下文信息，以便在新基站上将该 UE 快速恢复。

S1 接口的控制面用以实现 eNodeB 和 MME 之间的信令传递，S1 接口的用户面用以实现 eNodeB 和 SGW 之间的用户面数据传输。在 NB-IoT 系统中，S1 接口引入的新特性主要包括：无线接入技术（RAT）类型上报（区分 NB-IoT 或 E-TURAN 接入）、UE 无线能力指示（例如，允许 MME 通过下行 NAS 传输消息向 eNodeB 发送用户设备 UE 的无线能力）、优化信令流程支持控制面优化传输方案，以及为用户面优化传输方案在 S1 接口引入连接挂起和恢复处理等。

八、NB-IoT 核心网特性

NB-IoT 系统的核心网优化了现有 LTE/EPC 在 MME、SGW、PGW 及归属签约用户服务器（HSS）之间的各个接口（包括 S5/S8/S10/S11/S6a 等）和功能，并针对新引入的业务能力开放单元（SCEF）增加了 MME 和 SCEF 之间的 T6 接口以及 HSS 和 SCEF 之间的 S6t 接口和相应功能。

NB-IoT 系统的核心网必须支持的功能包括：支持控制面优化传输方案和用户面优化传输方案的处理及提供必要的安全控制（例如，控制面优化传输方案使用非接入层安全，用户面优化传输方案必须支持接入层安全），支持控制面优化传输方案和用户面优化传输方案间的切换（例如，S11-U 和 S1-U 传输方式间的切换），支持与空口覆盖增强配合的寻呼，支持非 IP 数据经过 PGW（SGi 接口实现隧道）和 SCEF 传输（基于 T6 接口），对仅支持 NB-IoT 的 UE 实现不需要联合附着的短信服务（SMS），以及支持附着时不创建 PDN 连接。

对于使用控制面优化传输方案的 IP 数据传输，MME 在创建 PDN 连接请求中会指示 SGW 建立 S11-U 隧道。当 SGW 收到下行数据时，如果 S11-U 连接存在，SGW 将下行数据发给 MME，否则触发 MME 执行寻呼。对于使用控制面优化传输方案的非 IP 数据传输，如果采用基于 SGi 的非 IP 的 PDN 连接，MME 需要和 SGW 建立基于通用分组无线服务技术（GPRS）隧道协议用户面协议（GTP-U）的 S11-U 连接，同时 PGW 不为终端分配 IP 地址或者即使为终端分配了 IP 地址也不发给终端，PGW 和外部 SCS/AS 间使用隧道通信；如果采用基于 T6 的非 IP 的 PDN 连接中，MME 需要和 SCEF 建立基于 Diameter 的 T6 连接。对上行非 IP 小数据传输，MME 从 eNodeB 接收的网络附属存储（NAS）数据包中提取上行非 IP 小数据包，封装在 GTP-U 数据包中发送给 SGW 及 PGW，或封装在 Diameter 消息中发送给 SCEF。对下行非 IP 小数据传输，MME 从 GTP-U 数据包中提取下行非 IP 小数据包，或从 Diamter 消息中提取下行非 IP 小数据包，然后封装在 NAS 数据包中通过 eNodeB 发送给 UE。为了支持用户面传输优化方案，NB-IoT 核心网各网元（MME、SGW 等）同样需要支持连接挂起和恢复的相应操作。对用户面传输优化方案，数据传输机制上与 LTE/EPC

机制相似，仅支持IP数据传输。

第三节　NB-IoT网络架构

NB-IoT系统采用了基于4G LTE/长期演进的分组核心网（EPC）网络架构，并结合NB-IoT系统的大连接、小数据、低功耗、低成本、深度覆盖等特点对现有4G网络架构和处理流程进行了优化。NB-IoT的逻辑网络架构如图2-1所示，包括：NB-IoT终端、演进的统一陆地无线接入网络（E-UTRAN）基站（即eNodeB）、归属用户签约服务器（HSS）、移动性管理实体（MME）、服务网关（SGW）、公用数据网（PDN）网关（PGW）、服务能力开放单元（SCEF）、第三方服务能力服务器（SCS）和第三方应用服务器（AS）。和现有4G网络相比，NB-IoT网络主要增加了业务能力开放单元（SCEF）来优化小数据传输和支持非IP数据传输。为了减少物理网元的数量，可以将MME、SGW和PGW等核心网网元合一部署，称之为蜂窝物联网服务网关节点（C-SGN）。其结构如图2-1。

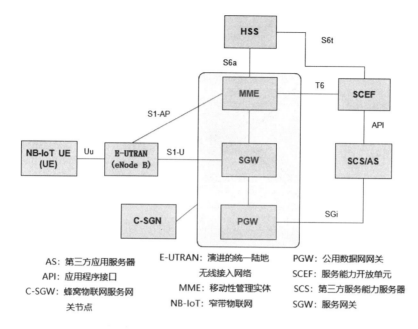

图 2-1 NB-IoT 逻辑架构

为了适应 NB-IoT 系统的需求，提升小数据的传输效率，NB-IoT 系统对现有 LTE 处理流程进行了增强，支持两种优化的小数据传输方案，包括控制面优化传输方案和用户面优化传输方案。控制面优化传输方案使用信令承载在终端和 MME 之间进行 IP 数据或非 IP 数据传输，由非接入承载提供安全机制；用户面优化传输方案仍使用数据承载进行传输，但要求空闲态终端存储接入承载的上下文信息，通过连接恢复过程快速重建无线连接和核心网连接来进行数据传输，简化信令过程。图 2-2 为 NB-IoT 网络连接架构。

NB-IoT 的引入，给 LTE/EPC 网络带来了很大的改进要求。传统的 LTE 网络的设计，主要是为了适应宽带移动互联网的需求，即为用户提供高带宽、高响应速度的上网体验。但是，NB 却具有显著的区别：终端数量众多、终端节能要求高（现有 LTE 信令流程可能导致终端耗能高）、以小包收发为主（会导致网络信令开销远远大于数据载荷传输本身大小）、可能有非格式化的 Non-IP 数据（无法直接传输）等。

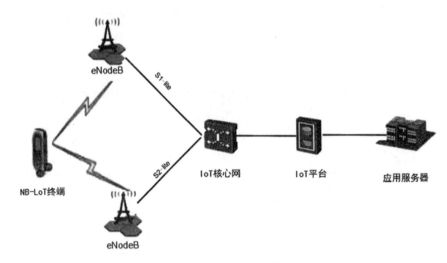

图 1-2　NB-IoT 连接架构

① NB-IoT 终端：通过空口连接到基站。

② eNodeB：主要承担空口接入处理，小区管理等相关功能，并通过 S1-lite 接口与 IoT 核心网进行连接，将非接入层数据转发给高层网元处理。这里需要注意，NB-IoT 可以独立组网，也可以与 EUTRAN 融合组网（在讲双工方式的时候谈到过，NB 仅能支持 FDD，所以这里必定跟 FDD 融合组网）。

③ IoT 核心网：承担与终端非接入层交互的功能，并将 IoT 业务相关数据转发到 IoT 平台进行处理。同理，这里可以 NB 独立组网，也可以与 LTE 共用核心网。

④ IoT 平台：汇聚从各种接入网得到的 IoT 数据，并根据不同类型转发至相应的业务应用器进行处理。

⑤ 应用服务器：是 IoT 数据的最终汇聚点，根据客户的需求进行数据处理等操作。

一、CP 和 UP 传输方案

为了适配 NB-IoT 的数据传输特性，协议上引入了 CP 和 UP 两种优化传输方案，即 control plane CIoT EPS optimization 和 user plane CIoT EPS optimization。CP 方案通过在 NAS 信令传递数据，UP 方案引入 RRC Suspend/Resume 流程，

均能实现空口信令交互减少，从而降低终端功耗。需要说明的是 CP 方案又称为 Data over NAS，UP 方案又称为 Data over User Plane。将以上总体架构图进行细化，如图 2-3 所示：

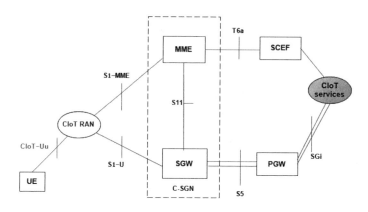

图 2-3　NB-IoT 架构图细化

（1）SCEF 称为服务能力开放平台，为新引入网元。

（2）在实际网络部署时，为了减少物理网元的数量，可以将部分核心网网元（如 MME、SGW、PGW）合一部署，称为 CIoT 服务网关节点 C-SGN，如虚框中所示。从这里也可以看出，PGW 可以合设，也可以集成到 C-SGN 中来，图中标示的为 PGW 单独设置。

（3）Control plane CIoT EPS optimization 不需要建立数据无线承载 DRB，直接通过控制平面高效传送用户数据（IP 和 non-IP）和 SMS。NB-IoT 必须支持 CP 方案，小数据包通过 NAS 信令随路传输至 MME，然后发往 T6a 或 S11 接口。

这里实际上得出在 CP 传输模式下，有两种传输路径，梳理如下：

UE—MME—SCEF—CIoT Services；

UE—MME—SGW/PGW —CIoT Services。

（4）user plane CIoT EPS optimization，通过新定义的挂起和恢复流程，使得 UE 不需要发起 service request 过程就能够从 EMM-IDLE 状态迁移到 EMM-CONNECTED 状态，（相应地 RRC 状态从 IDLE 转为 CONNECTED），从而节省相关空口资源和信令开销。这里分两层意思：一是 UP 方式需要建立数据面承载 S1-U 和 DRB（类似于 LTE），小数据报文通过用户面直接进行传输；二是在无数据传输时，UE/eNodeB/ MME 中该用户的上下文挂起暂存，有数据传输时快速恢复。

二、CP 和 UP 方案传输路径对比

CP 与 UP 方案传输路径对比如图 2-4 所示。

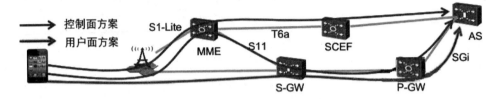

图 2-4　CP 和 UP 方案传输路径对比

三、CP 和 UP 协议栈对比

（一）CP 方案的控制面协议栈

UE 和 eNodeB 间不需要建立 DRB 承载，没有用户面处理。

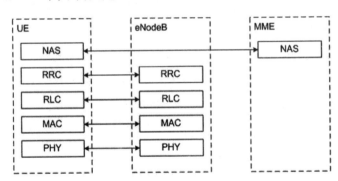

图 2-5　CP 方案的控制面协议栈

CP 方案在 UE 和 eNodeB 间不需要启动安全功能，空口数据传输的安全性由 NAS 层负责。因此空口协议栈中没有 PDCP 层，RLC 层与 RRC 层直接交互。上行数据在上行 RRC 消息包含的 NAS 消息中携带，下行数据在下行 RRC 消息包含的 NAS 消息中携带。CP 方案控制面协议栈如图 2-5 所示。

（二）UP 方案的控制面协议栈

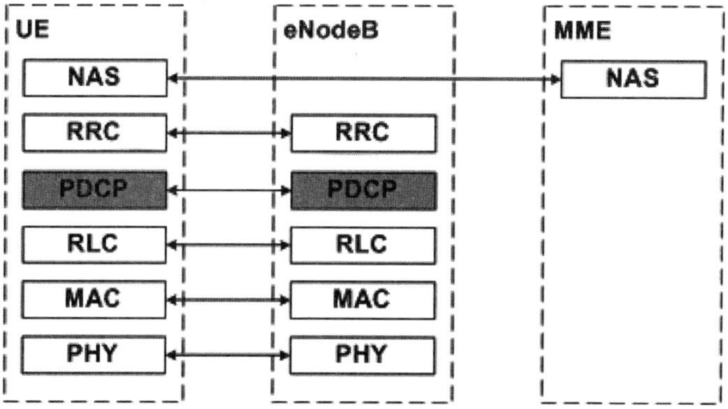

图 2-6　UP 方案的控制面协议栈

上下行数据通过 DRB 承载携带，需要启用空口协议栈中 PDCP 层提供 AS 层安全模式。UP 方案的控制面协议栈如图 2-6 所示。

四、状态转换

NB-IoT 通信过程中工作状态分为三种：

1.Connected（连接态）

模块注册入网后处于该状态，可以发送和接收数据，无数据交互超过一段时间后会进入 Idle 模式，时间可配置。

2.Idle（空闲态）

可收发数据，且接收下行数据会进入 Connected 状态，无数据交互超过一段时会进入 PSM 模式，时间可配置。

3.PSM（节能模式）

此模式下终端关闭收发信号机，不监听无线侧的寻呼，因此虽然依旧注册在网络，但信令不可达，无法收到下行数据，功率很小。

持续时间由核心网配置（T3412），有上行数据需要传输或 TAU 周期结束时会进入 Connected 态。

NB-IoT 三种工作状态一般情况的转换过程可以总结如下：

（1）终端发送数据完毕处于 Connected 态，启动"不活动计时器"，默认 20s，可配置范围为 1 ～ 3600s。

（2）"不活动计时器"超时，终端进入 Idle 态，启动激活定时器（Active-Timer，T3324），超时时间配置范围为 2s ～ 186min。

（3）Active-Timer 超时，终端进入 PSM 状态，TAU 周期结束时进入 Connected 态，TAU 周期（T3412）配置范围为 54min ～ 310h。

（PS：TAU 周期指的是从 Idle 开始到 PSM 模式结束）

NB-IoT 终端在不同工作状态下的情况，如图 2-7 所示。

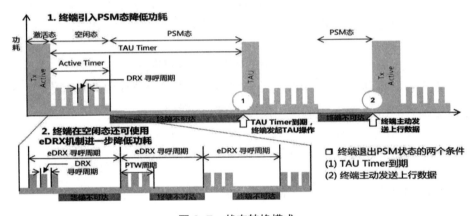

图 2-7　状态转换模式

（1）NB-IoT 发送数据时处于激活态，在超过"不活动计数器"配置的超时时间后，会进入 Idle 空闲态。

（2）空闲态引入了 eDRX 机制，在一个完整的 Idle 过程中，包含了若干个 eDRX 周期，eDRX 周期可以通过定时器配置，范围为 20.48s ～ 2.92h，而每个 eDRX 周期中又包含了若干个 DRX 寻呼周期。

（3）若干个 DRX 寻呼周期组成一个寻呼时间窗口（PTW），寻呼时间窗口可由定时器设置，范围为 2.56 ～ 40.96s，取值大小决定了窗口的大小和寻呼的次数。

（4）在 Active Timer 超时后，NB-IoT 终端由空闲态进入 PSM 态，在此状态中，终端不进行寻呼，不接受下行数据，处于休眠状态。

（5）TAU Timer 从终端进入空闲态时便开始计时，当计时器超时后终端会从 PSM 状态退出，发起 TAU 操作，回到激活态（对应图中 2-7 ①）。

（6）当终端处于 PSM 态时，也可以通过主动发送上行数据令终端回到激活态（对应图 2-7 中②）。

第四节 NB-IoT 帧结构

一、下行物理层结构

根据 NB 的系统需求，终端的下行射频接收带宽是 180kHz。由于下行采用 15kHz 的子载波间隔，因此 NB 系统的下行多址方式、帧结构和物理资源单元等设计尽量沿用了原有 LTE 的设计。

频域上：NB 占据 180kHz 带宽（1 个 RB），12 个子载波（subcarrier），子载波间隔（subcarrier spacing）为 15kHz。

时域上：NB 一个时隙(slot)长度为 0.5ms，每个时隙中有 7 个符号(symbol)。

NB 基本调度单位为子帧，每个子帧 1ms（2 个 slot），每个系统帧包含 1024 个子帧，每个超帧包含 1024 个系统帧（up to 3h）。这里解释下，不同于 LTE，NB 中引入了超帧的概念，原因就是 eDRX 为了进一步省电，扩展了寻呼周期，终端通过少接寻呼消息达到省电的目的。

1 个 signal 封装为 1 个 symbol。

7 个 symbol 封装为 1 个 slot。

2 个 slot 封装为 1 个子帧。

10 个子帧组合为 1 个无线帧。

1024 个无线帧组成 1 个系统帧（LTE 到此为止了）。

1024 个系统帧组成 1 个超帧，over。

这样计算下来，1024 个超帧的总时间 =（1024*1024*10）/（3600*1000）

$$=2.9h。$$

二、上行物理层结构

1.频域上

占据 180kHz 带宽（1 个 RB），可支持 2 种子载波间隔：

15kHz：最大可支持 12 个子载波：如果是 15kHz 的话，那就真是可以洗洗睡了。因为帧结构将与 LTE 保持一致，只是频域调度的颗粒由原来的 PRB 变成了子载波。关于这种子帧结构不做细致讲解。

3.75kHz：最大可支持 48 个子载波：如果是 3.75K 的话，首先你得知道设计为 3.75K 的好处是哪里。总体看来有两个好处，一是根据在《NB-IOT 强覆盖之降龙掌》谈到的，3.75K 相比 15K 将有相当大的功率谱密度 PSD 增益，这将转化为覆盖能力，二是在仅有的 180KHZ 的频谱资源里，将调度资源从原来的 12 个子载波扩展到 48 个子载波，能带来更灵活的调度。

支持两种模式

Single Tone（1 个用户使用 1 个载波，低速物联网应用，针对 15K 和 3.75K 的子载波都适用，特别适合 IOT 终端的低速应用）

Multi-Tone（1 个用户使用多个载波，高速物联网应用，仅针对 15K 子载波间隔。特别注意，如果终端支持 Multi-Tone 的话必须给网络上报终端支持的能力）

2.时域上

基本时域资源单位都为 Slot，对于 15kHz 子载波间隔，1 Slot=0.5ms，对于 3.75kHz 子载波间隔，1 Slot=2ms。

三、上行资源单元 RU

对于 NB 来说，上行因为有两种不同的子载波间隔形式，其调度也存在非常大的不同。NB-IoT 在上行中根据 Subcarrier 的数目分别制订了相对应的资源单位 RU 做为资源分配的基本单位。基本调度资源单位为 RU（Resource Unit），各种场景下的 RU 持续时长、子载波有所不同。时域、频域两个域的资源组合后的调度单位才为 RU。

表 2-1　上行资源单元

NPUSCH format	子载波间隔	子载波个数	每 RU Slot 数	每 Slot 持续时长（ms）	每 RU 持续时长（ms）	场景
1（普通数传）	3.75 kHz	1	16	2	32	Single-Tone
	15 kHz	1	16	0.5	8	Multi-Tone
		3	8		4	
		6	4		2	
		12	2		1	
2（UCI）	3.75kHz	1	4	2	8	Single-Tone
	15kHz	1	4	0.5	2	

NPUSCH 根据用途被划分为了 Format 1 和 Format 2. 其中 Format 1 主要用来传普通数据，类似于 LTE 中的 PUSCH 信道，而 Format 2 资源主要用来传 UCI，类似于 LTE 中的 PUCCH 信道（其中一个功能）。

3.75kHz Subcarrier Spacing 只支持单频传输，而 15kHz Subcarrier Spacing 既支持单频又支持多频传输。

对 Fomat1 而言，3.75kHz Subcarrier Spacing 的资源单位的带宽为一个 Subcarrier，时间长度是 16 个 Slot，也就是 32ms 长，而 15kHz Subcarrier Spacing 单频传输，带宽为 1 个 Subcarrier 的资源单位有 16 个 Slot 的时间长度，即 8ms。从上可以看出，实际上 Format 1 两种单频传输占用的时频资源的总和是一样的。对于 15kHzSubcarrier Spacing 多频传输来说，共计有三种情况，实际上这三种情况最终占用的时频资源的总和也是一样的。另外，12 个 Subcarrier 的资源单位则有 2 个 Slot 的时间长度，即 1ms，此资源单位即是 LTE 系统中的一个 Subframe。

对 Fomat2 而言，仅仅支持单频传输，3.75kHzSubcarrier Spacing 的资源单位和 15kHzSubcarrier Spacing 资源单位占用的时频资源的总和也是一样的。

四、系统消息

系统信息 MIB-NB（Narrowband Master Information Block）承载于周期 640ms

之周期性出现的 NPBCH（Narrowband Physical BroadcastChannel）中，其余系统信息如 SIB1-NB（Narrowband System InformationBlock Type1）等则承载于 NPDSCH 中。SIB1-NB 为周期性出现，其余系统信息则由 SIB1-NB 中所带的排程信息做排程。SIB-IoT

NB-IoT 共有以下几种 SIB-NB:

SIB1-NB：存取有关之信息与其他系统信息方块排程。

SIB2-NB：无线资源分配信息。

SIB3-NB：Cell Re-selection 信息。

SIB4-NB：Intra-frequency 的邻近 Cell 相关信息。

SIB5-NB：Inter-frequency 的邻近 Cell 相关信息。

SIB14-NB：存取禁止（Access Barring）。

SIB16-NB：GPS时间/世界标准时间（Coordinated Universal Time, UTC）信息。

Cell Reselection 与闲置模式运作。

第五节　信令流程

NB-IoT UE 可以支持所有需要的 EPS 流程，比如：ATTACH、DETACH、TAU、MO Data Transport 及 MT Data Transport，当然，EPS 流程又必须跟无线的 RRC 流程耦合在一起。下面主要讲 MO Data Transport 流程，这将是 NB 中的主要业务形式，它又分为两种形式，一个是 CP 方案，也就是 Data over NAS，另外一个是 UP 方案，也就是 Data over User Plane。

Data over NAS 是用控制面消息传递用户数据的方法。目的是为了减少 UE 接入过程中的空口消息交互次数，节省 UE 传输数据的耗电。

一、CP 传输方案端到端信令流程

Data over NAS 的 E2E 的 MO 流程如图 2-8 所示。

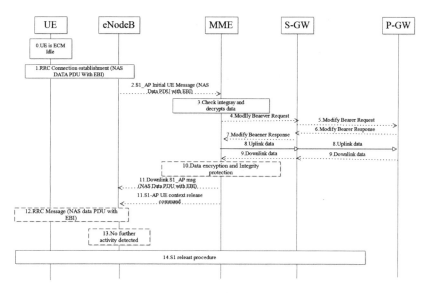

图 2-8　E2E 的 MO 流程

步骤 0：UE 已经 EPS attached，当前为 ECM-Idle 状态。

步骤 1 ～ 2：UE 建立 RRC 连接，在 NAS 消息中发送已加密和完整性保护的上行数据。UE 在 NAS 消息中可包含 Release Assistance Information，指示在上行数据传输之后是否有下行数据传输（比如，UL 数据的 Ack 或响应）。如果有下行数据，MME 在收到 DL data 后释放 S1 连接。如果没有下行数据，MME 将数据传输给 SGW 后就立即释放连接。

步骤 3：MME 检查 NAS 消息的完整性，然后解密数据。在这一步，MME 还会确定使用 SGi 或 SCEF 方式传输数据。

步骤 4：MME 发送 Modify Bearer Request 消息提供 MME 的下行传输地址给 SGW，SGW 现在可以经过 MME 传输下行数据给 UE。

步骤 5 ～ 6：如果 RAT type 有变化，或者消息中携带有 UE's Location 等，SGW 会发送 Modify Bearer Request message（RAT Type）给 PGW。该消息也可触发 PGW charging。

步骤 7：SGW 在响应消息中给 MME 提供上行传输的 SGW 地址和 TEID。

步骤 8：MME 将上行数据经 SGW 发送给 PGW。

步骤 9：如果在步骤 1 的 Release Assistance Information 中没有下行数据指示，

MME 将 UL data 发送给 PGW 后，立即释放连接，执行步骤 14。否则，进行下行数据传输。如果没接收到数据，则跳过步骤 11–13 进行释放。在 RRC 连接激活期间，UE 还可在 NAS 消息中发送 UL 数据（图中未显示）。在任何时候，UE 在 UL data 中都可携带 Release Assistance Information。

步骤 10：MME 接收到 DL 数据后，会进行加密和完整性保护。

步骤 11：如果有 DL data，MME 会在 NAS 消息中下发给 eNB。如果 UL data 有 Release Assistance Information 指示有 DL 数据，MME 还会马上发起 S1 释放。

步骤 12：eNB 将 NAS data 下发给 UE。如果马上又收到 MME 的 S1 释放，则在 NAS data 下发完成后进入步骤 14 释放 RRC 连接。

步骤 13：如果 NAS 传输有一段时间没活动，eNB 则进入步骤 14 启动 S1 释放。

步骤 14：S1 释放流程。

二、RRC 连接建立过程

NB–IoT UU 口消息大都重新进行了定义，虽和 LTE 名称类似，但是简化了消息内容。

NB–IoT 引入了一个新的信令承载 SRB1bis。SRB1bis 的 LCID 为 3，和 SRB1 的配置相同，但是没有 PDCP 实体。RRC 连接建立过程创建 SRB1 的同时隐式创建 SRB1bis。对于 CP 来说，只使用 SRB1bis，因为 SRB1bis 没有 PDCP 层，在 RRC 连接建立过程中不需要激活安全模式，SRB1bis 不启动 PDCP 层的加密和完整性保护。

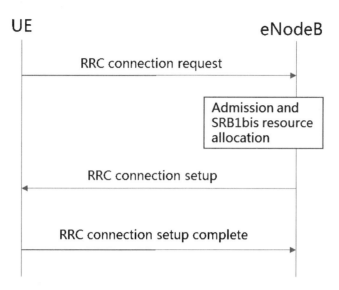

图 2-9　RRC 连接建立过程

UE 主 动 或 者 收 到 寻 呼 后 被 动 发 起 RRC Connection Request-NB。RRC Connection Request-NB 消息部分信元解析如表 2-2 所示。

表 2-2　信源解析

IE/Group Name	Value	Semantics description
ue-Identity-r13	Random Value 或 s-TMSI	用户标识
EstablishmentCause-r13		NB-IoT 支持四种连接建立原因：mt-Access、 mo-Signalling、mo-Data 和 mo-Exception-Data。

eNodeB 向 UE 发 送 RRC Connection Setup-NB， 只 建 立 SRB1bis 承 载。 eNodeB 也可以向 UE 发送 RRC Connection Reject-NB，拒绝 UE 连接建立请求， 比如发生流控时。

RRC 连接建立成功后 UE 向 eNodeB 回送 RRC Connection Setup Complete-NB，消息中携带初始 NAS 专用信息。RRC Connection Setup Complete-NB 消息信元解析如表 2-3 所示。

表 2-3　信源解析

IE/Group Name	Semantics description
s-TMSI-r13	用于 S1 接口选择。UP 时如果 UE resume 失败后，UE 将回落进行 RRC 连接建立，由于恢复请求消息 MSG3 中没有 s-TMSI，所以在 MSG5 中携带。

IE/Group Name	Semantics description
up–CIoT–EPS–Optimisation–r13	UE 是否支持 up–CIoT–EPS–Optimisation 优化，用于 S1 接口选择。

如果 eNodeB RRC Connection Setup Complete–NB 消息中没有携带 up–CIoT–EPS–Optimisation–r13 信元，则表明 UE 只支持 CP，不支持 UP。eNodeB 可以选择只支持 CP（或者 CP 和 UP 都支持）的 MME 发送 Initial Ue Message，消息中携带 NAS 等信息。

与 CP 方案相比，UP 方案支持 NB–IoT 业务数据通过建立 E–RAB 承载后在用户面 User Plane 上传输，无线侧支持对信令和业务数据进行加密和完整性保护。

此外，为了降低接入流程的信令开销，满足 UE 低功耗的要求，UP 优化传输支持释放 UE 时，基站和 UE 可以挂起 RRC 连接，在网络侧和 UE 侧仍然保存 UE 的上下文。当 UE 重新接入时，UE 和基站能快速恢复 UE 上下文，不用再经过安全激活和 RRC 重配的流程，减少空口信令交互。

三、UP 传输方案端到端信令流程

Data over User Plane 的 E2E 的 MO 流程如图 2–10 所示。

步骤 1 ～ 5：UE 通过随机接入并发起 RRC 连接建立请求与 eNodeB 建立 RRC 连接，UE 是否支持 UP 传输的能力通过在 MSG5 中携带 up–CIoT–EPS–Optimisation 信元通知基站，通过该信息帮助 eNB 选择支持 UP 的 MME。

步骤 6：eNodeB 收到 RRC Connection Setup Complete 后，向 MME 发送 Initial UE message 消息，包含 NAS PDU、eNodeB 的 TAI 信息和 ECGI 信息等。在这一步，MME 还会确定是否使用 SGi 或 SCEF 方式传输数据。

步骤 7：MME 向 eNodeB 发起上下文建立请求，UE 和 MME 的传输模式协商结果通过 S1 消息 INITIAL CONTEXT SETUP REQUEST 中的 UE User Plane CIoT Support Indicator 信元指示。eNB 利用该指示判断是否可以后续触发对该 UE 上下文的挂起，如果核心网没有带 UE User Plane CIoT Support Indicator 信元，

eNB 只需支持正常的建立流程，数传完成后直接释放连接，不支持后续的用户挂起。

步骤 8 ~ 9：激活 PDCP 层安全机制，支持对空口加密和数据完整性保护。

步骤 10 ~ 12：建立 NB-IoT DRB 承载，终端能支持 0、1 还是 2 条 DRB 的情况取决于 UE 的能力，该能力通过 UEcapability-NB 信元中的 multipleDRB 指示，NB-IoT DRB 都仅支持 NonGBR 业务，并且没有考虑对 DRB QoS 的支持。

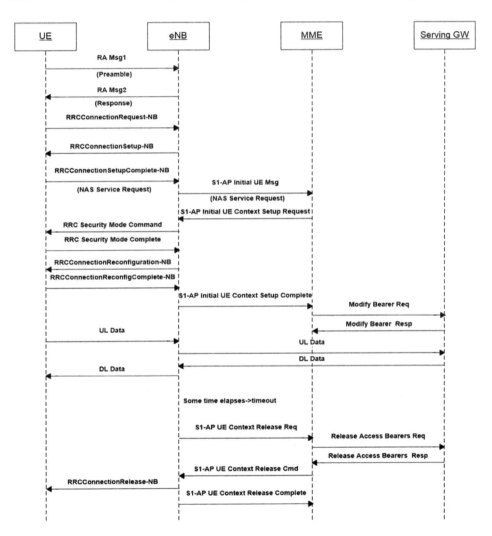

图 2-10　UP 传输方案端到端信令流程

步骤 13：MME 发送 Modify Bearer Request 消息，提供 eNodeB 的下行传输地址给 SGW。SGW 现在可以经过 eNodeB 传输下行数据给 UE。

步骤 14：SGW 在响应消息中给 MME 提供上行传输的 SGW 地址和 TEID。

步骤 15 ~ 18：UE 通过 eNodeB 将上行数据经 SGW 发送给 PGW，PGW 通过 SGW 将下行数据经 eNodeB 发送给 UE。

步骤 19：如果 UE 持续有一段时间没活动，则 eNodeB 启动 S1 与 RRC 连接释放或 RRC 连接挂起，eNodeB 向 MME 发送释放请求消息。

步骤 20：MME 发送 Release Access Bearers Request 释放 SGW 上的连接。

步骤 21：SGW 释放连接后，响应 Release Access Bearers Response。

步骤 22：MME 释放 S1 连接，向 eNodeB 发送 S1 UE Context Release Command（Cause）message。

步骤 23：eNodeB 向 UE 发送 RRC 连接释放。

步骤 24：eNodeB 给 MME 回复释放完成。eNodeB 可在消息中携带 Recommended Cells And ENBs，MME 会保存起来，在寻呼时使用。

四、RRC 挂起流程（Suspend Connection procedure）

考虑到在用户面承载建立 / 释放过程中的信令开销，对 NB-IoT 小数据包业务来说，显得效率很低。因此 UP 模式增加了一个新的重要流程，RRC 连接挂起和恢复流程。即 UE 在无数据传输时，RRC 连接并不直接释放，而是 eNB 缓存 UE 的 AS 上下行信息，释放 RRC 连接，使 UE 进入了挂起状态（Suspend）。这个过程也称为 AS 上下文缓存。

RRC 挂起流程如图 2-11 所示。

eNodeB 在释放时通知 MME、UE 进行 Suspend，MME 进入 ECM-IDLE，eNodeB 从 RRC-CONNECTED 进入 RRC-IDLE，UE 进入 RRC-IDLE 和 ECM-IDLE 状态。

虽然 UE 缓存了上下文信息，但是 UE 仍然是进入了 IDLE 态的，但是离真正的 IDLE 态又有距离，没有断的那么彻底，可以说这是 IDLE 态的一个子态（Idle-Suspend）。这三种状态的关系可以通过图 2-12 来理解。

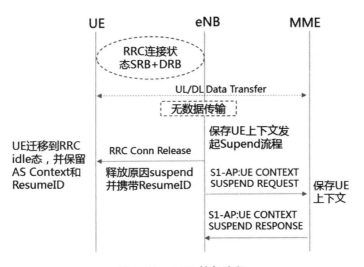

图 2-11　RRC 挂起流程

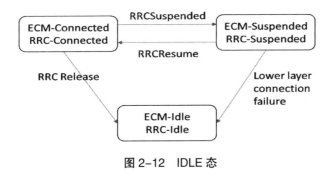

图 2-12　IDLE 态

五、RRC 恢复流程（Resume Connection procedure）

RRC 恢复流程如图 2-13 所示。

用户发起主叫业务时：UE 在 MSG3 时通过 RRC Connection Resume Request 消息通知 eNodeB 退出 RRC-IDLE 状态，eNodeB 激活 MME 进入 ECM-CON-NECTED。

用户进行被叫业务：RRC 状态唤醒与主叫业务流程一样。

当跨小区 Resume 时候，eNB 将根据 ResumeID 来查找原小区（ResumeID 低 20bit 是 UE CONTEXT ID，高 20bit 是 eNB ID）。

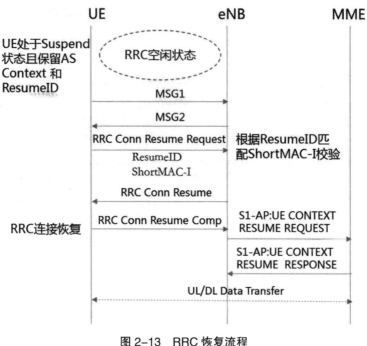

图 2-13　RRC 恢复流程

六、CP/UP 方案网络协商流程

CP/UP 方案网络协商流程如图 2-14 所示。

步骤 1：NB-IoT UE 在 Attach Request 消息中携带 Preferred Network behavior 信元，该信元用于表示终端所支持和偏好的 CIoT 优化方案：是否支持 CP 传输、UP 传输和正常 S1-U 传输，是偏向于 CP 传输还是 UP 传输。当 UE 要进行 non-IP 传输时，PDN type 可设置为 non-IP。当 UE 要进行 SMS 传输时，在 Preferred Network behavior 中设置 "SMS transfer without Combined Attach" 标志。

如果 Attach Request 中没有携带 ESM message container，MME 在 Attach 流程中不会建立 PDN 连接。这种情况下 6、12 到 16、21 到 24 不会被执行。

在 NB-IoT RAT 下，UE 不能发起 Emergency Attach。

步骤 2：eNB 根据 RRC 参数中携带的 GUMMEI、selected Network 和 RAT（NB-IoT 或 LTE）等信息选择 MME。

步骤 12：MME 在向 SGW 创建会话上下文时，会将 RAT type（NB-IoT or

LTE）传递给 SGW。

步骤 15：在 PGW 返回创建会话响应时，如果 PDN type 是 Non IP，PGW 只能接受或拒绝，不能修改为其他类型。

步骤 17：MME 使用 S1-AP Downlink NAS transport message 发送 Attach Accept 给 eNB，消息中携带有 Supported Network Behaviour，指示它所支持和偏好的 CIoT 优化方案。如果 Attach Request 中没有携带 ESM message container，Attach Accept 消息不会包含 PDN 相关参数。

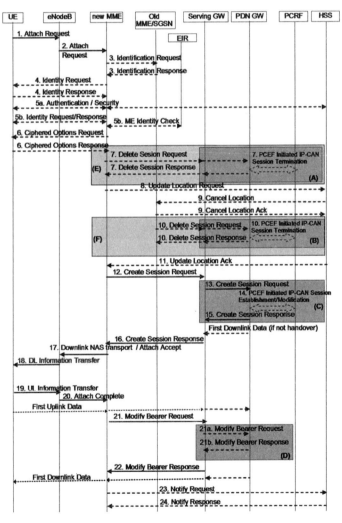

图 2-14　CP/UP 方案网络协商流程

第六节　NB-IoT 应用

一、智能燃气

2016 年 11 月，全球首个基于 NB-IoT 技术的智慧燃气抄表试点项目在深圳启动，正式开启了 NB-IoT 智能燃气的新航程。作为燃气界的代表企业，金卡智能集团在吃到第一口"蟹肉"以后，逐步把 NB-IoT 智能燃气解决方案拓展到了全国乃至海外，截至 2018 年 12 月份，金卡 NB-IoT 智能燃气表全国上线数量已达 80 万，接入深圳燃气、广州燃气等多家燃气公司。

1. 着眼前沿技术，提前布局，建立品牌优势和技术优势

早在 2016 年 8 月份，金卡携手中国电信、华为和深圳燃气启动了 NB-IoT 燃气应用的正式调测，而此时，业界多数企业还在"论道"的阶段，还在争论 NB-IoT 与 LoRa 的是与非。2016 年 11 月份，在深圳试点景田北小区的外场完成端到端业务流程测试，在业界成为 NB-IoT 燃气解决方案应用的典型案例，建立了品牌优势。

NB-IoT 技术具有高安全、广覆盖、低功耗、大连接等特性，是诸如燃气、水务等行业的最佳选择技术，金卡正是看准了这一点，提前布局，所以才能在接下来的商用中取得先机，快占领市场。目前金卡 NB-IoT 智能燃气解决方案在业界处于领先地位，建立了技术优势。

2. 聚焦产业发展，行业与 ICT 技术强强联合，构建产业联盟

物联网将引发一次产业上的革命，这次革命需要 ICT 技术和行业的充分融合，缺一不可。

金卡智能是燃气行业的佼佼者，对行业有充分的认知，华为是 ICT 技术的领军企业，而运营商正在探索如何从连接向服务转型，三方各有所长，各有所需，通过建立长期稳定的合作关系，实现了良性商业生态的构建，确保商业上的稳扎稳打。

华为利用 ICT 技术上的长久积累，和运营商一起在端侧成本、接入以及网络性能等方面进行行业上的适配和优化；

金卡则基于其业务能力和华为共同发展新的业务应用。通过大数据技术的应用，帮忙燃气企业业务模式进行优化升级，比如解决供需平衡，用气预测报警等问题，未来可演进到用户画像分析，基于网上商城等为用户提供增值服务，甚至个性化服务，提升燃气企业盈利空间。

2017 年 9 月，深圳燃气、中国电信、金卡智能和华为联合发布了《NB-IoT 智慧燃气解决方案白皮书》。该白皮书分析了中国燃气行业的问题和挑战，提出了基于物联网平台与 NB-IoT 技术的智慧燃气解决方案，包括解决方案的价值、商业模式与实践。作为业界首个系统性阐述智慧燃气行业的技术资料，白皮书的发布对燃气公司、电信运营商部署 NB-IoT 智慧燃气方案、推进智慧燃气商业具有重要意义。

3. 客户需求和民生体验双轮驱动，打造优质产品和解决方案

在燃气界，阶梯气价、远程充值、远程阀控、智能控制、报警提醒等诉求，由于人工抄表本身的局限性，一直是客户急需解决而又无法彻底解决的实际问题，根本原因就是传统的抄表解决方案由于其局限性，无法在燃气行业推广。比如 GPRS 解决方案不满足功耗的诉求，小无线 /LoRa 等技术在城市级部署上的限制等。

NB-IoT 解决方案突破了传统技术和方案的问题和限制，解决了最根本的数据采集需求。基于该解决方案，金卡对燃气应用进行了升级，通过云版 BI，将运维结果通过大数据实现模块化统计，并发送给企业管理层，实现智慧化运营与管理，得到客户的充分认可。

对于民众来说，快捷的支付、查询渠道则是一个便民需求。金卡通过微信、支付宝等应用的开发，使群众可以线上自助缴费充值，获得极大的便捷性，得到民众的认可。

金卡从品牌和技术优势的构建、产业联盟的建立、客户及民生需求驱动三方面出发，基于 NB-IoT 燃气解决方案迈出了智能燃气踏实的一步，为下一阶段的扬风起航也构建了坚实的基础。相信 NB-IoT 技术也必将带动整个燃气产业健康、稳定的发展，完成燃气行业的产业革命。

二、智能烟感

消防无小事，安全大于天。智能烟感作为智慧消防中很重要一环，实时监控使巡查更放心，即时报警使居住更安心，无需布线让布局更省心。目前在秀美如画的杭州，NB-IoT智能烟感正在大规模部署中，余杭区已招标65万烟感项目并开始实施，江干区、萧山区也分别签署并切实开展着区域级烟感项目，而这些智能烟感的规模商用离不开如下因素：

1. 智能烟感部署需求迫切、体量大

2018年1至8月，全国共接报火灾16.61万起，亡933人，伤560人，直接财产损失20.53亿元！火灾频发和频繁出警，一直以来对社会资源都消耗巨大。家庭住宅、养老院、小商场、小饭店等，均缺乏消防法规强制管制，急需部署低成本高可靠的智能烟感，以及高效的防火消防管理维护系统，从而有效地提升火灾预防，降低人员财产损失。从体量上看，目前全国家庭户数达4.3亿，其中城市家庭2.6亿户，家庭住宅安装智能烟感的市场空间数量在2亿以上；另外，公安派出所管辖的人员密集的小场所众多，包括小学校或幼儿园、小医院、小商场、小餐饮场所、小旅馆、小歌舞娱乐场所、小网吧、小美容洗浴场所、小生产加工企业等，而且据统计全国有个体商户约4500万户；由此可见，智能烟感待部署的体量非常之大。

2. 国家政策引导，政府高度重视

（1）公安部大力推动烟感探测器和物联网技术应用。2015年11月，国家公安部、民政部、住房城乡建设部等六部委团体联合发文《关于积极推动发挥独立式感烟火灾探测报警器火灾防控作用的指导意见》，明确指出：除已规定要求设置火灾自动报警设施的建筑外，养老院、福利院、残疾人服务机构、特困人员供养服务机构、幼儿园等老年人、残疾人和儿童建筑，居家养老、"空巢老人"、分散养老特困人员等人群住宅，社区综合服务设施等社区居民活动场所，位于棚户区、城乡接合部、传统文化村落和三级及以下耐火等级的老旧居民住宅，宿舍、出租屋、农家乐、小旅馆、地下居住空间等亡人火灾多发的场所宜推广安装独立感烟报警器；并鼓励在其他居民住宅内安装使用独立感烟报警器。2017年10月，公安部消防局发布《关于全面推进"智慧消防"建设的指导意见》，要求综合运用物联网、云计算、大数据、移动互联网等新兴信息技术，加快推进"智慧消防"建设，全面促进信息化与消防业务工作的深度融合等。国家正指导积极推进智能烟感部署，加快提升消防管理水平。

（2）国务院新建综合性常备应急管理部，加强公安消防、应急救援一体化。2018年3月，国务院机构改革方案，公安部的消防管理职责和消防工作纳入新组建的应急管理部。公安消防部队、武警森林部队由"军、警"身份转制为"民"，与安全生产等应急救援队伍一并作为综合性常备应急骨干力量，这样加强公安消防、应急救援等一体化，为推进智慧消防奠定了管理组织架构基础。

（3）政府对消防事业专项补贴。杭州江干区、余杭区等政府机构都专门成立了消防专项资金，进行行政补贴，大大推动了智慧消防的进程。

3. 及早开展试点项目，进行技术储备，构建安装易、功能强、价格低的产品方案

（1）浙江移动杭州分公司在江干区最早开展智能烟感试点，进而扩展项目部署，最终获得杭州江干区烟感规模部署项目的入场券。江干区于2017年在笕桥街道开展智能烟感试点，针对独居老人、拆迁安置人员、禁足人员等的住宅小区，以及老旧住宅小区进行升级改造。浙江移动杭州分公司承接并提供NB-IoT智能烟感解决方案，首先通过集成验证成功接入几十台智能烟感；随后项目扩展，2017年底部署完成NB-IoT智能烟感一期试点工程，获得高度认可；基于此，2018年江干区政府与浙江移动杭州分公司签订智能烟感部署合同，目前已成功安装并交付一部分NB-IoT智能烟感。

（2）NB-IoT智能烟感方案，安装易、功能强、价格低，最符合市场选择。例如，在萧山区项目中，浙江联通提供的NB-IoT智能烟感方案，主要由前端采集设备、NB-IoT网络、IoT平台、感知数据汇聚运营平台和智慧消防安全管控平台组成。前端采集设备主要为无线感烟探测器；感知数据汇聚运营平台主要是各类业务应用，包含报警监控管理和用户报警APP等应用；智慧消防安全管控平台包含为业务提供服务的第三方中间件（如视频监控系统）和萧山区已

有智慧消防监管平台的数据集成系统。这套方案具备诸多优势：首先，NB-IoT保障高安全性、高信号灵敏度，而且抗干扰强，无需外接天线，终端安装简单即装即用，无需额外部署网络。其次，NB-IoT感烟探测器实时监测现场的烟雾浓度，当现场的烟雾浓度超过感烟探测器的预设值时，探测器将发出本地声光报警，并通过IoT平台将采集到的报警信息、设备运行信息通过NB-IoT网络基站直接传输至监控管理系统中，感知数据汇聚运营平台对接收的报警数据进行分析、处理，将设备的所有运行信息下发到监控端和手机端，便于用户实时掌握设备的使用情况，同时将设备的异常信息或实时数据信息按照规定的格式推送给萧山区"智慧消防"安全管控平台，当确认为火警后直接将火警信息推送给119接处警平台；当监测到设备异常情况时，能够及时将报警信息按照预置的方式通过语音电话、短信、APP推送三种方式通知相关负责人，便于火灾隐患的及时处置；整套方案功能非常强大。再次，NB-IoT智能烟感/火灾报警器，其设备和部署成本比市场上的其他联网类型产品，例如联动型烟雾报警器、WiFi联网型烟雾报警器、主机联网型烟雾报警器等，要低；而且由于NB-IoT资费低，总费用更加低廉，并包含各种增值服务。由此可见，NB-IoT智能烟感方案是最符合市场选择的产品方案。

4. 提供全生命周期集成总包服务，选择方案一体化、渠道资源优良的产品供应商

（1）提供全生命周期集成总包服务，极大简化政府参与复杂度。在江干区智能烟感部署中，浙江移动杭州分公司作为集成商承接项目，采购智能烟感终端、华为IoT平台、第三方烟感管理平台、浙江大华统一监控管理平台等一系列产品，优化江干区NB-IoT网络联网终端传输数据，投资部署政企专线网络面向街道单独列支，整体集成端网云协同方案，并请中国铁通进行安装维护服务。浙江联通也提供极强的集成服务，作为资源的整合者，其集成芯片、模组、烟感终端品牌、IoT平台、业务平台等的全生态物联网资源，提供整体集成服务，主要包括设备提供、安装、实施、维护、培训、业务平台等全套的烟感服务；联通整合多种资源，为业主提供专业的技术培训、操作管理，同时根据消防的管理要求，建立指挥中心，通过大屏展示项目运行情况，并提供7x24小时的服务管理。运营商在杭州地区的烟感项目中，提供全生命周期集成总包服务，涵盖了智能烟感项目运作前中后的相关事宜，充分满足政府对项目承接方的诉求，极大简化政府参与复杂度。

（2）集成商选择全面提供智能终端＋管理平台＋APP等的产品供应商，最大程度简化方案集成、降低方案费用。在杭州余杭区项目中，浙江联通作为集成商中标17万标项三项目，并选择具有长期行业经验的中消云科技集团作为其产品供应商。中消云致力于建设全方位、无死角的城市安全防控基础网络。通过全系列产品＋解决方案＋服务，实现"人防＋物防＋技防"的安全防控体系，为城市和社区提供全面的安全保障。本项目中消云科技集团提供智能烟感终端、智慧消防云平台、App应用等产品方案，该集团利用垂直行业的优势为余杭"出租房"项目提供"端到端"的解决方案，并整合产品打包提供。相较于传统的烟感终端提供商，中消云全面提供产品解决方案，缩短了集成商的采选过程，满足浙江联通"一站式"的供应需求，更降低了方案的整体费用和建设周期。

（3）集成商选择渠道资源优良的产品供应商，助力方案部署拓展。在杭州余杭区项目中，浙江移动杭州分公司中标26万标项一，浙江电信中标22万标项二，而浙江大华技术股份有限公司均被这两个标项选中为提供商，这很大程度上离不开该公司渠道资源优势。浙江大华致力打造中国"安防"第一品牌，2017年位列"全球安防50强"，其深化渠道建设，并着力与系统集成商等实现资源共享。虽然浙江大华初始重点提供视频监控解决方案，但公司确立大安防构建，将产品延伸至智慧消防。浙江大华广泛应用其产品于公安、金融、交通等关键领域，与政府公安、交通等部门的业务联系紧密，这些业务渠道极大地助力集成商进一步拓展智能烟感规模部署。

5. 实施灵活的 SaaS 服务型商业模式，降低政府和民众经济负担，并随时分析调整收支，保障整体盈利

在杭州江干区项目中，浙江移动杭州分公司从区政府首先获得一次性拨款，而后按 SaaS 服务模式，分别向街道财政，及商户/租户等逐年收费。这样浙江移动杭州分公司从卖智能烟感方案转型为销售智能烟感服务，从一次性收费转变为年度收费，并将期限拉长至 5 年，极大降低了政府财政负担，同时也减轻了民众的经济包袱。同时，在 5 年服务期间，可实时进行收支分析，从而判断投资回收期，这样通过及时地调整收支，可保障整体项目盈利。同样地，浙江联通也打破传统的卖设备终端的模式，业主按照租用服务的方式向浙江联通购买烟感服务。

NB-IoT 智能烟感，正如默默值守的消防哨兵，时刻保卫着城市安全。杭州智能烟感部署，是智慧消防规模发展中的关键一步。面对迫切的消防安全需求，集成商应积极响应政府政策号召，及早开展试点储备技术，选择产品全面一体化的提供商，构建优良价廉的解决方案，并且应争取多渠道资源拓展业务，提供高质量集成总包服务，实施灵活的服务型商业模式，充分保障商业盈利，从而促进智能烟感的规模发展，加快消防产业升级，防患于未"燃"！

三、智慧水务

深圳市水务（集团）有限公司（以下简称深水集团）是深圳市属大型国有骨干水务企业，也是国内一流的水务与环境综合服务商，为全国七个省 16 个城市超 2000 万人提供水务服务。作为维系民生的市政基础设施之一，供水企业在运营管理中存在诸多难题，比如因供水设施故障导致的漏损、因水表故障导致的贸易纠纷、因人工费用上升导致的运营成本增加等，深水集团也不例外。

为了解决上述问题，深水集团携手华为公司、深圳电信共同打造基于 NB-IoT、IoT 平台和大数据等最新物联网技术的综合解决方案，涵盖智能抄表、智能管网、漏损监测、业务增值等智慧水务相关业务。2016 年 9 月三方签署《智慧水务战略合作框架协议》，共同推进"互联网 + 水务行业"的深度融合；2017 年 3 月 22 日，全球首个 NB-IoT 物联网智慧水务商用项目发布，1200 余只 NB-IoT 智慧水表在盐田和福田的多个小区完成部署；2018 年 7 月份深水集团启动 9 万只 NB-IoT 水表的招标，2020 年将持续推广应用实现近 50 万只智慧水表的更新改造。

深水集团智慧水务项目的成功建设离不开如下关键要素：

1.原动力：实现"互联网+"战略转型，达成"位居世界水务企业前列的大型水务集团"的战略目标

降低漏损：2015年4月2日，国务院发布关于印发水污染防治行动计划（简称水十条）的通知，明确提出"到2020年供水漏损率控制在10%以内"的目标。2016年9月，深圳市水务发展"十三五"（2016—2020年）规划中再次明确强调构建"绿色低碳、高效集约"的节约用水体系，供水管网漏损率控制在10%以内。2016年深水集团产销差率约为12%，虽已处于国内先进水平，但是距离水十条所要求的10%漏损率尚有距离。同国际平均6%～8%的产销差率先进水平相比，更是不小差距。

抄表到户：《关于加快建立完善城镇居民用水阶梯价格制度的指导意见》要求推进"一户一表"改造和智能化管理。根据计划，"十三五"期间，深圳市至少要完成50万块水表抄表到户工作，期末供水企业抄表数量达到160万块，抄表到户率由目前42%增加到64%。

智能管理：传统人工抄表的方式需要一个庞大的人员队伍，人员多、效率低、易产生贸易结算纠纷。为了解决上述问题，包括深水集团在内的许多供水企业开始使用智能水表。但是，传统的智能水表存在数据传输安全、设备功耗、网络覆盖及成本等问题，制约了大规模广泛应用。

民生服务：随着"一户一表"政策的推进和实施，加之供水企业作为政府窗口部门的服务质量和服务水平要求愈加严格，如何通过远程服务来提升消费者满意度成为供水企业新的课题。

面对汹涌而来的数字化浪潮，深水集团勇于创新，以NB-IoT智慧抄表为突破口，积极推动智慧水务变革。立志实现"互联网+"战略转型，达成"位居世界水务企业前列的大型水务集团"的战略目标。

2.完善的产业生态合作：优势互补、互利共赢

在2017年盐田和福田的试点项目中，水务集团、电信运营商、水表厂商、应用厂商和物联网开放平台提供方，形成完善的产业生态合作，优势互补，互利共赢。深水集团作为大型综合水务服务商，立足深圳，面向全国，为全国1800多万人口提供水务服务，在一线城市建立NB-IoT智慧水务样板具有示范效应，成功模式可以复制到全国水务。

中国电信 NB-IoT 网络基于授权频谱组建网络，其抗干扰能力、数据安全性、技术服务等方面均有高安全性保障。在盐田区和福田区的试点项目中，中国电信集成提供了连接＋网络保障＋云服务＋设备管理＋故障定界＋抄表应用的打包服务。华为物联网开放平台部署在中国电信天翼云上，以 PaaS 云服务的模式向水务行业提供连接管理、设备管理、数据管理、能力开放等基础功能，支持水务行业海量物联网终端设备快速接入及水务行业应用的快速集成。

宁波水表和和达水表负责提供 NB-IoT 智能表，内置集成 NB-IoT 模组，通过 NB-IoT 基站将信息上传给物联网开放平台和上层水务应用。

和达作为智慧水务应用提供商，通过物联网开放平台获取来自设备层的数据，并统一管理水表、流量计等各种水务设备。此次试点项目中提供了数据抄读、设备管理、报警监控、小区漏损检查、用户用水分析等 10 个功能项。

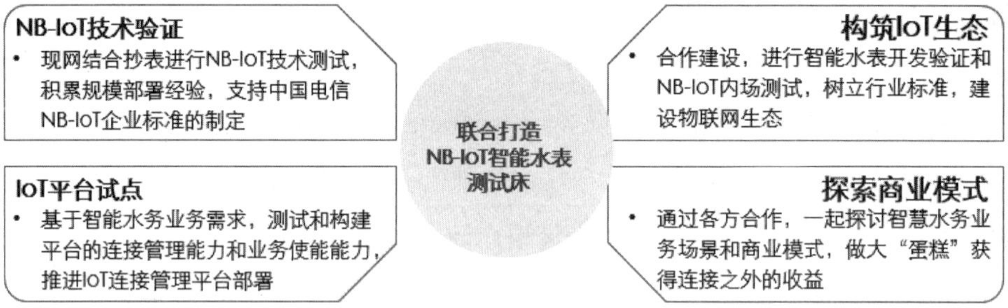

图 2-15　智能水表平台

3. 高安全、广覆盖、低功耗、大连接的 NB-IoT 智慧水表解决方案

2016 年 10 月开始，深水集团、中国电信、华为围绕本项目解决方案的网络通信性能、智慧终端电池续航能力、智能水表数据采集性能、数据管理及设备管理等功能应、性能开展了一系列评测。根据近 18 个月的测试，各项评测均已通过，由于 NB-IoT 低功耗的特性，智能水表的续航能力得到极大提升，在满足深水大量数据上报的业务场景下，水表可续航时间超过 7 年。NB-IoT 网络的广覆盖特性，无论在室外楼边路边，还是在室内管道井等传统网络难以覆盖的区域，NB-IoT 网络都可以覆盖并实现水表数据上传，满足深水集团提升数据采集、设备管理及水量实时监控等业务要求，可向行业规模推广复制。

随着物联网技术的持续演进，万物互联时代已经到来，物联网技术与供水业务紧密结合，通过将水务管网、抄表等数据与其他业务数据整合分析，提升供水企业的运营管理效率与客户服务水平，水务管网运行的全面智能化已成为发展趋势。通过尝试与物联网、云计算、大数据结合的新商业模式，水行业未来将会产生难以估量的战略价值。

四、智慧物流

步入工业 4.0 时代，物流行业每一天都发生着翻天覆地的变化。作为隶属于德国邮政 DHL 集团的全球性物流巨头，DHL 引领着产业发展潮流，积极推进着智慧物流的进程。2018 年 10 月，DHL 选用华为 OceanConnect IoT 平台为集团全球提供服务，而且在此平台之上构建的园区泊车管理方案，在某汽车工厂已成功部署并带来可观收益，当前该方案正在中国、亚洲、欧洲等区域规模部署。另一方面，基于此平台以及 NB-IoT 技术的 DHL 资产定位方案，在德国波恩已部署，成功定位 400 余电缆卷盘，正在向贵重资产定位应用拓展。这些成功的智慧物流方案，离不开 DHL 坚持不懈的努力。

1. 深入研究引领行业趋势、探索创新方案

DHL 基于 Digitalization Agenda 战略，在全球已创建两家创新中心，分别坐落于德国波恩和新加坡，2019 年另一家创新中心将会在美国芝加哥建成。在这些创新中心中，DHL 团队采用结构化的趋势研究新途径，积极探索智慧物流数字化创新。目前 DHL 趋势研究团队已发表了多篇深度趋势报告，并与伙伴共同发布年度旗舰出版刊物《物流趋势雷达》，这些研究对于物流行业发展具有非常指导意义。

在智慧物流的方案探索中，DHL 团队将物流相关业务抽象分解为关键资源、应用技术、涉及活动三大方面，然后按这三方面将业务重组结合，提出十余种创新解决方案；然后将这些方案的成本和收益进行对比分析，找出可带来高收益的解决方案，并将这些高收益方案，按成本从低至高进行排序。结果发现，园区泊位管理方案排在第一位，被定为最先测试及商用的方案，资产定位方案等紧随其后，这些创新方案正是 DHL 目前的聚焦机会点。

2. 采纳 NB-IoT 新技术 +IoT 平台，构建高效的园区泊位管理、资产定位等解决方案

园区泊位管理方案，目标应用于工厂厂区或物流园区的室外。这些区域常碰到诸多问题，例如泊位分配不均，园区内外拥堵，生产计划变更无法做到灵活调度和调整，严重时导致停产待料。而且工厂对生产信息安全严格管控，在园区内布设局域网难度大，需要易部署、实施快、不影响生产的方案。这样 NB-IoT 作为 3GPP 标准定义的窄带物联网通信技术，具备低功耗、深覆盖等特性，由电信运营商提供，成为 DHL 园区泊位管理方案的首选网络技术，可传输上报园区泊位的占用和空闲状态信息。而华为 OceanConnect IoT 平台，具备设备管理、连接管理、大数据分析、运营管理、安全和 API 开放的特性，使能多样化终端的快速集成和行业应用创新。DHL 开发了创新 Yard Management 应用，通过 PC 端、司机 APP、现场作业人员 APP 的信息同步，实现了泊位状态的可视化、业务流程的数字化，以及现场调度的智能化。目前此园区泊位管理方案，已部署在某汽车工厂的园区中，工厂供应商卸货平均作业时间大大减少，效率提升 29%；而且系统直接分配泊位，无需园区现场人员调度，人力成本降低 15%，进一步提高了园区作业效率。

等待泊位　　　　　　卸货泊位（Dock）　　　　　　车间缓存仓储

图 2-16　智慧物流

资产定位方案，应用于 DHL 在德国波恩电缆线定位场景中。NB-IoT 终端固定在电缆线的卷盘上，通过 NB-IoT 网络基站定位，终端无需加载 GPS 模块，可以直接上报卷盘的位置数据，从而低成本确保电缆线的安全。当卷盘在仓库外时，NB-IoT 终端每 4 小时上报一次数据，当在仓库内时，每天上报一次即可。这样大大减少了人力巡检的成本，而且通过定位可以追踪电缆的位置，极大降低了可能由于丢失引起的经济损失。

图 2-17　电缆定位

3. 层层精选供应商，打造集团级 IoT 平台，降低多项目开发成本

为了更好地实现智慧物流创新方案，DHL 集团对其内部能力和外部供应商资源进行详细梳理，决定要构建一个适应供应链场景的集团级 IoT 平台，来支撑全球的业务拓展。DHL 首先对该平台的架构、关键能力，以及平台在分公司与集团层面的不同属性，进行详细定义。随后面对全球的 IoT 平台供应商，DHL 基于市场报告数据、专家意见、行业聚焦、地域限制等进行第一步泛筛选，并邀请供应商投标。针对应标的所有 IoT 平台供应商，DHL 组织了 5 个项目组，从业务整合、技术评估、数据治理与安全等五个方面，对这些 IoT 平台进行层层把关评审。对于 IoT 平台的技术方面，DHL 明确提出功能性需求及非功能性需求，功能性需求包括 IoT Gateway 网关对接、IoT Hub、分析等，而非功能性需求包括可扩展性、稳定性、兼容性、可维护性等方面。通过这泛筛选、五方面综合评审、技术需求评估等重重关卡，DHL 最终选择两家供应商为其提供集团级标准 IoT 平台，极大降低了针对全球范围各个项目开发而单独构建平台的成本。

4. 聚焦具备可持续性、可复制性的解决方案，推广全球化商用

可持续性演进是方案拓展的核心。DHL 基于集团级统一 IoT 平台，持续地引入更多能力，迭代构建方案的核心。例如在汽车工厂案例中，在 IoT 平台之上，进一步引入 OCR（Optical Character Recognition）光学字符识别、车牌识别等 AI 能力，持续提升园区泊位管理效率。而且 DHL 基于该 IoT 平台，围绕核心诉求

持续演进方案，孵化出新的 IoT 支撑应用，例如资产跟踪、能源管理等，DHL 也正在将这些新引入的能力和应用方案推向更广泛市场。

可复制性是方案商用拓展的关键。DHL 将商业拓展的业务增长点，聚焦在物流运作流程中可复制的必选环节，并配备以可复制的良好项目拓展支撑。以园区泊位管理为例，该方案解决了供应链中运输环节和仓储环节交接点的频发问题，此业务需求正在迅速增长中；同时，华为为 DHL 提供可复制的多样化支撑，例如，合作伙伴测试、认证、推荐、咨询协调、生态建设等服务，协助 DHL 在全球范围拓展业务。目前，DHL 园区泊位管理方案已经在多家汽车工厂成功上线，目前正向亚太、欧洲等国家进一步推广。

5. 实施服务型商业模式，对外降低客户投资成本，对内降低方案建设耗资

针对园区泊位管理方案，DHL 对外、对内采用服务型商业模式。对于工厂园区客户，DHL 作为总包集成商，为客户提供 SaaS 服务，以及场地管理及调度服务；DHL 的客户按服务缴费（包含年费 + 软件 API 调用费等），从而降低自身一次性投入成本，经济负担极大减轻。另一方面，DHL 对于自己的供应商华为，针对其提供的云基础架构、网络、平台、软件，到工程安装调试等，也采用服务型商业模式。华为一站式服务包括 Infrastructure-as-a-Service 云服务、IoT 云平台 PaaS 连接管理服务、基于华为云的 OCR-as-a-Service 光学字符识别服务，Network-as-a-Service 服务，以及对于整个园区泊车管理系统的安装，及硬件系统调试工程服务等。基于这种服务型商业模式，DHL 降低了自身的 Capex 投资，从而更好地投入构建方案。

DHL 正在全球范围探索面向客户的创新智慧物流解决方案，如智慧物流园区和仓储、高价值资产盘点、物流容器追踪和共享、能耗 / 环境监控和控制等，同时也在与其客户、供应商一道摸索共赢的服务型商业模式。智慧物流正在蓬勃发展，DHL 与伙伴一起协同创新，引领智慧物流全球趋势，推动行业数字化转型，打造更加融合的物流价值链。

五、智能电动车管理

据统计，郑州市公安局 2017 年受理电动车的盗窃案件占全市盗窃类警情的 80%，涉及电动自行车交通事故占比超过 30%，由电动自行车充电引发的火灾事故占全市火灾事故总数的 9%。"电车卫士"以强大的技术为支撑，可以获取电动自行车的定位信息，包括经度、纬度、速度和方向，并通过 NB-IoT 通信技术传到平台，形成电动自行车轨迹，帮助公安部门对被盗车辆进行追踪。

据报道，在电动自行车安装防盗车牌工作开展初期，郑州市某分局成立了"打击盗窃上牌电动自行车"专班，设立了视频追踪组、信息研判组、抓捕组，对该类案件进行精准打击。专班充分利用"NB-IoT 物联网电动自行车管控平台"，创新提炼技战法，有效结合各项技术手段，迅速查实上牌电动自行车被盗案件，报道文章显示该分局的电动自行车被盗破案率超过了 60%，公安机关破案率大幅提升，电动自行车车主的权益获得了保证，更重要的是该项目能够维护社会治安，用高科技手段高压震慑不法分子。郑州市对全市 300 万辆电动自行车全部实施定位终端安装，开辟了物联网应用新蓝海，截至目前，此项目成为全球单业务最大规模的 NB-IoT 项目。

下面为您解析郑州电动自行车安全综合项目的关键要素：

（1）驱动力："免费为电动车上牌"列为十大民生实事之一。电动自行车引发的被盗案件多发、交通违法高发、火灾事故频发愈加突出，影响城市形象，已成为群众反映强烈、领导高度关注的"顽疾痼症"，严重影响了省会郑州市形象，与高质量发展建设国家级中心城市是不相符。为此，郑州市政府将"免费为电动车上牌"作为 2018 年郑州市十件重点民生实事之一，由郑州市政府财政出资作为惠民工程专项资金，建成电动自行车综合防盗管理平台，免费为市民电动自行车安装号牌和定位终端，充分运用物联网防控技术手段创建文明有序的交通环境，有效预防和减少盗窃电动自行车案件，切实保障人民群众财产安全。

（2）完善的产业生态合作：政策、建设、运营、运维、保险实现业务闭环。整个项目由郑州市公安局牵头，确定业务目标、制定政策、协调各方参与；河南移动为总实施方，并提供终端、平台、NB-IoT 网络建设；中移物联提供"电车卫士"综合解决方案；其他终端供应商、保险公司、模组芯片厂家等在铁三角领导下各司其职。

（3）清晰的商业模式："政府出资、企业建设、惠及群众、保险自愿购买"。

政府主导项目，以财政补贴形式运作项目，政府采购三年服务，包含建设、运营和维保等费用，具体情况如图 2-18 所示。

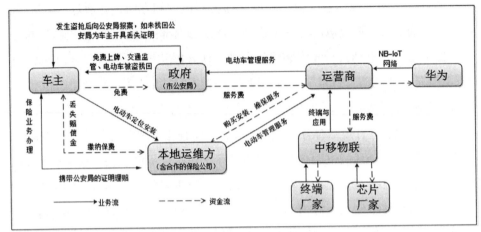

- 政府惠民工程财政补贴，同时实现城市交通管理；群众无负担，安装意愿强；
- 运营商做总集，本地运维方获取安装服务等费用，终端/芯片厂家增加销售额，保险公司增加了保费收入，实现产业共赢

图 2-18　商业模式

（4）低成本、快速规模部署的解决方案：电动自行车上安装物联网终端，终端里集成了卫星定位模块、电压电流检测模块、温度感应模块等多种物联网传感器，可对目标车辆进行定位和实时监控，并进行历史轨迹查询。终端获取电动自行车的信息，并通过 NB-IoT 通信技术传到平台，云端管理平台能够对电动车案件高发区、盗窃高发区、车辆区域分布，实时交通状况、骑行规律、交通违章，以及禁行、禁停区域等进行大数据统计分析、数据挖掘，为城市治安、交通管理提供科学的辅助决策依据。

基于电动自行车保有量大、移动性强、该项目上量快等特征，河南移动加快了基站建设速度，并联合华为开展基础网络优化、容量性能提升、模组性能提升、业务模型研究等多项专题，全面保障和提升 NB-IoT 网络运行质量，全方位助力电动车 NB-IoT 平稳放号。在项目中，华为还提供了 NB-IoT 芯片、网络设备等解决方案，全力支撑河南移动业务发展。

这个项目充分证明，NB-IoT 网络大有可为，为行业发展注入新动力。基于 NB-IoT 技术的电动自行车解决方案在郑州的应用，将带动整个物联网上下

游产业链的健康发展，推动整个物联网行业发展。

六、智慧路灯

城市，是人类文明进步发展的结晶，路灯，如同神经和血管一样覆盖整个城市躯体。作为城市管理的重要内容，城市照明与民生息息相关，大到城市亮化景观打造的靓丽风景，小至街头巷尾的灯泡损坏引发的安全隐患，无一不影响着城市的形象、经济和安全。

中国路灯存量接近 4000 万，与庞大的基数形成鲜明对比的是，整体智慧化程度不足 2%。被誉为"太湖明珠"的无锡，城市照明设施曾一度面临着"区域广、基数大、增长快"的现状，一边是新城区干道过度照明的能耗超标，楼宇大厦射灯、招牌光污染引发的投诉时有见闻，另一边是老旧小区及乡镇道路的灯具老化破损影响着居民夜间出行，作为无锡城市名片的蠡湖风光带景观照明不足也频频被市民吐槽，而传统的人力运维成本高、效率低，监控管理难度大。被这些问题长期困扰的无锡照明管理处，将目光投向了日趋成熟的物联网技术，从中逐步探索出了一套城市智慧照明建设的运算法则。

加法：路灯 +ICT = 智慧路灯，高起点完成解决方案升级

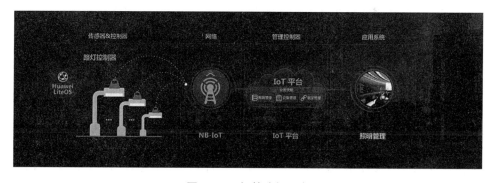

图 2-19 智慧路灯平台

在无锡市中南西路、胡杨路、刘间路等道路的 LED 路灯智慧化改造中，以 NB-IoT 为支撑，借助云计算、大数据、GIS 和单灯控制等技术形成城市照明"一张网""一朵云"，大幅提升了原有照明设施的智慧化水平。平台架构如图 2-19 所示。在对照明设施进行普查、身份编码和定位、装上智能控制终端后，基于

地理信息实行了统一可视化管理。借助终端里集成的多种传感器，通过 NB-IoT 通信技术，智慧照明云平台可依据时间、天气、人流、车流等条件制定运行方案，在满足市民正常照明需求的前提下，通过智能调光、降功率、按需开关灯等管理方式，实现"按需照明"，平均节电率达到 32%。

同时修订了城市照明系统运行维护制度，通过实时监控、在线巡测每一盏灯，精确定位单灯故障，主动发现、定向维修；采用流程化手段，每日由监控中心通过系统生成灯具故障报表下发到运维部门，运维部门根据故障报表进行设施维修养护，改变了传统路灯养护管理主要靠人工巡检、热线报修的方式，每年减少运维费用约 25%。

减法：试点先行，政策推动，缩短全面落地周期。

2017 年全国全社会用电量 6.3 万亿千瓦时，其中道路照明用电量约占 9%，位居各领域照明用电量之首。降服道路照明这只"电老虎"，需要行业实践和政策立法这两只拳头形成合力。

早在 2011 年，无锡就采取"整体规划、试点先行、分期建设"的原则，开始了单灯节能控制系统的改造，截至 2017 年年底，已完成连续 7 期工程建设、覆盖约 30000 盏。在改造稳步推进的同时，政策立法层面的配合也在紧锣密鼓地展开。在总结前期改造经验的基础上，2014 年 7 月，无锡市出台了全国首部城市照明地方性法规——《无锡市城市照明条例》，制定了各类区域的照明标准，明确要求在全市范围内建立照明智能控制系统，采取分区、分时、分级的节能控制措施。同时，建立城市照明能耗考核和节能奖惩制度，按季度对城市照明安全检查、能耗等情况进行通报。

在 2018 年世界物联网博览会前夕，无锡市出台了《无锡市推进新型智慧城市建设三年行动计划（2018—2020 年）》，计划开展智慧路灯杆试点推广，探索综合利用路灯杆、监控杆等市政设施基站设置的新模式，为无锡城市智慧照明的进一步发展指明了方向。

乘法：单功能路灯到多功能路灯，新模式换道超车。

在我国大部分城市，伴随着旧城改造、平安城市等城市建设出现的道路反复"开膛破肚"、线路管网错综复杂、街头杆体林立等并发症，一直以来都被广大市民所诟病。对于无锡城市管理者而言，在智慧城市建设中"量身定制"集成多功能的智慧路灯，从而有效避免杆体重复建设、提高城市照明应用价值，显然是一个明智之举。

图 2-20　智慧灯杆

2018 年 4 月，在无锡太湖新城清舒道已正式"上岗"智慧路灯，在传统路灯单一照明功能的基础上，集汽车充电桩、USB 充电口、WIFI 热点、信息发布等功能于一体，令人眼前一亮。图 2-20 展示了智慧灯杆用于汽车充电的场景。

同时，结合物联网示范工程和智慧城市重大应用工程建设要求，后期可根据不同应用场景需求配置功能模块，进一步集成环境信息采集、安防及道路交通监控、应急一键报警等功能，让市政管理部门做到灵活采购、按需部署。

除法：政府主导、企业建设，共享节能收益，打破规模商用壁垒。

不可否认的是，相对于智慧路灯产品的日趋成熟，商业模式的单一，投资、运营和服务模式的落后，已经成为制约产业发展的瓶颈。如何打破大规模商用的壁垒，其中商业模式的探索显得尤为迫切。

无锡城市智慧照明改造项目中的建设模式不失为一个有益的探索。政府主导项目，由泰华智慧提供从终端设备到应用软件的端到端解决方案，无锡移动提供网络、收取流量费，政府直接投资建设，提高管理效率和实现低碳环保的同时，每年还节省大量的电费支出和管理运维费用。良性正向循环的商业模式保障了项目的持续推进。

目前，我国城市智慧路灯建设采用较多的是 EMC 模式，即由运营商移动提供网络、收取流量费，由企业出资，包含建设、运营和维保等费用，政府每年从改造后节省的电费中按月返还投资本息和利润。

与此同时，还有一种 PPP 模式，即政府和社会资本合作，政府采取竞争性方式选择具有投资、运营管理能力的社会资本，双方按照平等协商原则订立合同，由社会资本提供智慧路灯服务，政府依据服务绩效评价结果向社会资本支付对价。

星星之火，可以燎原。在智慧城市的浪潮中，智慧路灯已在杭州、深圳、上海、鹰潭、无锡、济南等城市广泛应用。智慧城市与通信技术结合的伟大革命序幕已经拉开，基于 NB-IoT 技术解决方案的城市智慧照明，必将继续驱动整个物联网产业链的发展，点亮每一座智慧城市的绿色发展之路。

七、共享单车智能锁

共享单车在我国发展迅猛，活跃用户数激增，每月平均用户达 3200 万以上，国内一线城市覆盖率 8.04%。当前共享单车行业普遍使用的是基于 GPRS 网络制式的智能锁。由于 GPRS 网络覆盖能力有限，导致此类智能锁的用户使用体验差，如：时延长，在某些网络覆盖差的地方，开锁时间高达 5～10 秒，结单响应时间高达 25 秒，客户体验差；GPRS 模组功耗高，电池待机时间短至两个月，若要维护较长的电池使用周期，需要采用人力或太阳能发电，维护单车成本高。

基于 NB-IoT 的共享单车智能锁解决方案，有着更低的功耗、更好的覆盖、更低的时延。首先，与 GSM 相比，覆盖增益达 20dB，因此，覆盖无死角，可保证用户任何地方（地下停车场）都能正常开锁；其次，低时延可确保用户良好的体验，NB-IoT 智能锁从关锁到收到新派密码，时间约为 2 秒，相较 GSM 锁的 6.81 秒，大大缩短。

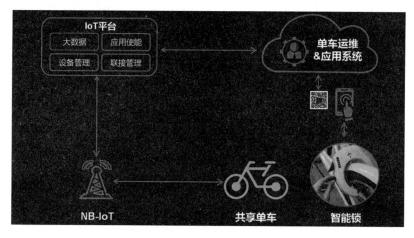

图 2-21 共享单车平台

NB-IoT 的共享单车智能锁解决方案解决了功耗高、电池使用寿命短的问题，按照每车每天开锁 10 次计算，电池使用寿命可以达到 2～3 年，可以支撑整辆单车的使用生命周期；NB-IoT 芯片，模组成本低，并且单车不需要额外的充电装置，拉低了整车成本。

共享单车平台如图 2-21 所示。IoT 平台可使能单车智能化精细运维。通过共享单车智能锁 SIM 卡全生命周期管理，可有效监管单车连接状态，确保高效监管单车，如：统一激活新注册单车，挂起故障单车群，结束丢失单车；通过 SIM 卡的经营分析，支持智能监管单车，如：用量 Top 排行，Top 群组统计，总用量趋势、地区、时段用量趋势，数据连接事件、位置变化；通过 IoT 平台的 FOTA 功能，可实现智能锁的高效远程固件升级，增强运维能力；端到端故障定位能力，可协助高效定位端管云故障，助力运维。

八、智慧停车

随着居民汽车保有量的快速增加，城市停车位缺口巨大，"停车难"已是普遍的城市病。为了解决"停车难"问题，"智慧停车"应运而生，目的是打破驾车人和停车位之间的信息不对称、提高停车位利用率、降低人工管理成本、缓解交通拥堵。当前智慧停车的建设在联接上还存在着两类问题：一、路内停车场景里的车位信息无法便捷、高效的被采集和传输到管理平台；二、对于大量的停车场库，信息孤岛问题仍然存在，数据很难被共享。当前路内停车场景中，地磁车检器使用的小无线技术因为需要额外安装中继网关，增加了项目建设和后期维护的难度，影响规模化的形成。另外，当前停车场"孤岛"的数据很难被联接到城市级统一管理平台上，造成有平台、无数据，城市级诱导、共享车位等价值应用无法快速落地。

图 2-22　智慧泊车

图 2-23　智慧泊车平台

NB-IoT在智慧泊车平台的作用如图2-23所示。NB-IoT具备低功耗的特点，车检器待机时间长（3～5年待机）；覆盖距离远（信号能覆盖到地下一层），是智慧停车解决方案网络通信技术的最佳选择。

相比于 RF，ZigBee 等小无线技术，NB-IoT 智慧停车解决方案利用运营商网络，具备如下优点：

免自建网：无线车检器等设备联接到电信运营商公网，通过"一跳"的方式将数据传到管理云平台，即插即用。

免自维护：相比于 RF433/ZigBee 小无线技术，NB-IoT 智慧停车解决方案无需中继网关，省去安装和后期维护的成本；网络的覆盖质量和优化由电信运营商负责。

高可靠：NB-IoT 使用授权频谱，不易受到其他设备的干扰，通信质量稳定可靠。

NB-IoT 智慧停车解决方案帮助停车场运营方减少收费流失，是否停车，停车时长等信息得到了高效收集，有效堵住人工收费的漏洞；减少了找车位造成的交通拥堵，车主可实时看到停车位信息，车位紧张或者无车位时，可快速导流到其他停车位或者附近停车场；减少了管理人员，从管理员人工收费变成自助缴费，收费人员变成了督查人员，减少了整个人工的数量。

2017 年，华为联合上海联通、千方科技成功打造 NB-IoT 智慧道路停车样板点。在这个项目中，千方科技提供停车场运营和停车管理平台；华为提供网络设备、芯片；移远提供 NB-IoT 模组；上海苏通提供车检器，并集成 NB-IoT 模组；上海联通提供端到端集成服务。NB-IoT 的智能停车方案可实现停车位的智能化管理，车主可远程查询、停车自助缴费，增强车主便利性，增加停车位的周转率。引入智能停车管理云平台后，千方科技可有效管理收费人员，减少收费流失；通过自主缴费，让收费人员变成督查人员，进而减少整个人工的数量。

九、牛联网

在畜牧业有一句行话：有奶没奶在于配，奶多奶少在于喂。要实现奶牛及时的配种，及时准确地检测出奶牛发情期至关重要。而传统奶牛发情监测效率低下，原因有很多种，如：65% 左右的奶牛会在晚上 9 点到第二天凌晨 4 点发情；奶牛发情表现规律不容易被发现；配种时间不固定不易掌握；高产奶牛发情持续时间短不易发现等。因此，奶牛的发情检出率低会大大降低牛场产奶量，必须要做到奶牛一发情，老板就知情。

目前，业内奶牛发情监测系统大多基于近距离通信。此类系统需要在牧场架设基站，覆盖差，价格高，不能及时准确地上报奶牛发情数据。因此，急需支持大连接、广覆盖、低功耗、性能稳定，性价比高的网络，从而实现现代化的奶牛发情监测。NB-IoT技术很好地满足了这一需求。牛联网应用模式如图2-24所示。

图 2-24　牛联网

NB-IoT技术可支持5年终端电池功耗、覆盖可达5千米、支持大容量终端同时上报数据，并且可在室外严酷环境下工作，很好地满足了客户需求，统一了此前存在的各种近距离通信技术。

基于华为NB-IoT芯片开发的奶牛专用信息采集终端，即戴即用，奶农无需自建网络，加速了牛联网的推广。

由于采用了基于NB-IoT的牛联网项目，奶牛发情检测成功率大大提高，增加了奶牛场收入。

华为与中国电信、银川奥特信息技术股份公司合作，完成了基于NB-IoT的牛联网项目。银川奥特提供奶牛专用信息采集终端及奶牛信息管理平台软件系统，华为向中国电信提供NB-IoT网络和IoT平台，并向中国电信提供设备和方案集成支持，中国电信作为系统集成商和服务提供商，为农场提供服务。由于采用了基于NB-IoT的牛联网，银川奥特奶牛发情检测成功率从75%提高到95%。按每头牛每天单产30千克，每千克3.6元，情期21天计算，少漏配一个情期，每头牛可增加收入2268元。

第三章 NB-IoT开发

第一节 芯片的选择

一、传输芯片的选择

目前世界上有很多厂商都在积极研发推广自己的NB-IoT芯片，表3-1列出了知名厂商的产品和主要介绍，供广大爱好者和研发人员选购。

表3-1 NB-IoT芯片

序号	厂家	总部	芯片型号	推出时间	产品特点	网址
1	高通(Qual-comm)	美国	MDM9206	2017年5月底量产	集成了eMTC、NB-IoT和GPRS三种技术，是首款支持多模的芯片。该芯片支持Cat-M1和Cat-NB1 LTE的全球所有频段，集成了GPS、GNOSS、北斗和伽利略全球导航卫星定位服务。	http://www.qualcomm.cn/
2	华为海思	深圳	Boudica 120/Hi2110、Hi2150	2017年6月量产	搭载Huawei LiteOS嵌入式物联网操作系统。SOC：BB+RF+PMU+AP+Memory；3 RAM core:AP+CP+SP	http://www.hisilicon.com/
			Boudica 150	2017年4季度量产	可支持698-960/1800/2100Mhz	
3	锐迪科(RDA)	上海	RDA8909	2017年6月量产	一款双模芯片，集成了2G、NB-IoT两种通信技术，符合3GPP R13的NB-IoT，可通过软件升级以支持最新的3GPP R14标准	http://www.rdamicro.com/

序号	厂家	总部	芯片型号	推出时间	产品特点	网址
3	锐迪科 (RDA)	上海	RDA8910	2018 年 2 季度量产	支持 eMTC、NB-IoT 和 GPRS 的三模产品	http://www. rdamicro.com/
			RDA8911		不仅支持 VoLTE，也将实现支持 Cat.1	
4	中兴微电子	深圳	Rose-Finch7100	2017 年 9 月底商用	全功能全频段 NB-IoT 芯片，内部集成了中天微系统的 ck802 芯片	http://www. sanechips.com. cn/
5	芯翼信息科技	上海	未知	2018 年 6 月推出	单片集成了 CMOS PA	http://www. xinyisemi.com/
6	移芯通信科技	上海	EC616	2018 年 4 月量产	功耗降低到 700nA	
7	英特尔 (Intel)	美国	XMM 7115	还没提供样品	支持 NB-IOT 标准	http://www. intel.cn
			XMM 7315	2018 年 4 季度量产	支持 LTE Category M 和 NB-IOT 两种标准，单一芯片集成了 LTE 调制解调器和 IA 应用处理器	
8	Altair(被索尼收购)	以色列	ALT1250	2017 年 7 月量产	采用 LTE-M 技术，该芯片集成了 Cat-M、Cat-NB1 及 GPS 三种通信技术。蜂窝 IoT 模块中的 90% 的组件，如 RF、基带、前端组件、功率放大器、滤波器和开关等，均已整合到 ALT1250 芯片中	
9	Sequans	法国	Monarch SX	2017 年 7 月量产	Sequans 的 Monarch 系列芯片早已整合在多个模组中。Monarch SX 基于思宽的 Monarch LTE-M/NB-IoT 平台，具有基带、射频、存储和电源管理，同时还集成了 ARM Cortex-M4 处理器、用于音频和语音应用的媒体处理引擎、低功率传感器集线器、GPU 和显示控制器、众多 IoT 接口等	

序号	厂家	总部	芯片型号	推出时间	产品特点	网址
10	Nordic	挪威	nRF91	未知	Nordic 的 nRF91 系列是一款支持 3GPP R13 规定的 LTE-M/NB-IoT 双模的芯片，集成了 ARM Cortex-M33 主处理器，ARM TrustZone 安全技术和 GPS 辅助定位等功能	http://www.nordicsemi.com/
11	GCT	美国	GDM7243i	2017 年 3 季度量产	可支持 LTE 类 M1/NB1/EC-GSM 与 Sigfox 的无线物联网连接，是全球首款"混合"的解决方案。GDM7243i 集成了射频，基带调制解调器和数字信号处理功能，提供小型，低功耗，高性能，高可靠性和成本效益的完整 4G 平台解决方案	http://www.gctsemi.com/
12	联发科 (MTK)	台湾	MT2625	2017 年 4 季度量产	未知	http://www.mediatek.com/
			MT2621			
13	简约纳	苏州	未知	未知	未知	http://www.simplnano.cn/
14	汇顶科技 (Goodix)	深圳	未知	未知	未知	http://www.goodix.com/
15	RIoT Micro	加拿大	RM1000	2017 年年底	未知	
16	ASTRI / CEVA	/	未知	未知	未知	
17	松果电子	北京	北京	未知	未知	http://www.pinecone.net/
18	创新维度科技	北京	未知	未知	未知	http://www.extradimen.com/

对上面芯片从性价比上综合考虑，我们在实际开发中选用了上海移远通信技术股份有限公司的 BC26 芯片，上海移远是全球领先的 5G、LTE/LTE-A、NB-IoT/LTE-M、车载前装、安卓智能、GSM/GPRS、WCDMA/HSPA（+）和 GNSS 模组供应商，同时也是全球首个符合 3GPP R13 标准的 NB-IoT 模组厂商。

BC26 是一款高性能、低功耗、多频段的 LTE Cat NB1 无线通信模块。其尺寸仅为 17.7mm×15.8mm×2.0mm，能最大限度地满足终端设备对小尺寸模块产品的需求，同时有效帮助客户减小产品尺寸并优化产品成本。BC26 在设计上兼容移远通信 GSM/GPRS 系列的 M26 模块以及 NB–IoT 系列 BC28/BC25 模块，方便客户快速、灵活地进行产品设计和升级。BC26 提供丰富的外部接口和协议栈，同时可支持中国移动 OneNET、中国电信 IoT、华为 OceanConnect 以及阿里云等物联网云平台，为客户的应用提供极大的便利。

BC26 采用更易于焊接的 LCC 封装，可通过标准 SMT 设备实现模块的快速生产，为客户提供可靠的连接方式，并满足复杂环境下的应用需求。

凭借紧凑的尺寸、超低功耗和超宽工作温度范围，BC26 成为 IoT 应用领域的理想选择，常被用于烟感、无线抄表、共享单车、智能停车、智慧城市、安防、资产追踪、智能家电、可穿戴设备、农业和环境监测以及其他诸多行业，以提供完善的短信和数据传输服务。

二、控制芯片的选择

2016 年，整合了意法半导体（ST）的超低功耗微控制器技术及其在 ARM Cortex–M4 内核领域积累的多年经验的 STM32L4 微控制器系列正式亮相，面向下一代节能型消费电子产品、工业、医学和计量产品应用领域提供了最新的解决方案。

STM32L4 微控制器充分利用了意法半导体丰富的低功耗技术，包括根据不同处理需求调整功耗的动态电压调整、内置 FlexPowerControl 的智能架构和有 7 个子模式选项的电源管理模式，其中包括停机、待机和最低功耗 30nA 的关机模式。意法半导体的批量采集模式能使处理器在低功耗模式下仍可与通信外设高效交换数据。STM32L4 有多种低功耗模式，让用户有更多的低功耗模式选择以满足他特定的应用需求，STM32L4 的最低功耗，电池供电模式只有出乎人意料之外的 4nA。

TM32L476 具有良好的低功耗性能，动态运行功耗低至 100μA/MHz，关闭时最低电流为 30nA，唤醒时间为 5μs

内核采用 80MHz ARM Cortex–M4 核 +DSP+ 浮点运算单元（FPU）CoreMark

架构。

为获得良好的低功耗性能，该芯片采用了 ART 加速器、Flash 零等待执行、动态电压调节、FlexPowerControl 智能架构，设计了 7 种电源管理模式（运行、低功耗运行、睡眠、低功耗睡眠、停止 1、停止 2、待机、关闭）。还有 ST 的 Batch Acquisition Mode（BAM）技术允许在低功耗模式下与通信接口足够的数据交换。FlexPowerControl 是在低功耗模式时保持 SRAM 待机，为特定外设和 I/O 管理独立电源。

工作模式功耗分解：

动态运行功耗：低至 100 μA/MHz。

超低功耗模式：30 nA 有后备寄存器而不需要实时时钟（5 个唤醒引脚）。

超低功耗模式 +RTC：330 nA 有后备寄存器（5 个唤醒引脚）。

超低功耗模式 +32 KB RAM：360 nA。

超低功耗模式 +32 KB RAM+RTC：660 nA。

第二节　NB-IoT 硬件开发实例

一、硬件原理设计

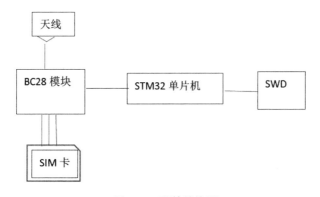

图 3-1　硬件结构图

BC28 是一款高性能、低功耗的 NB-IoT 模块，它是全频段的，支持国内三大运营商。通过 NB-IoT 无线电通信协议（3GPP Rel. 14），BC28 模块可与网络运营商的基础设备建立通信。其硬件结构如图 3-1 所示。

二、电源部分

指的是普通市电 220V/50HZ 电源，在由外部电源供电时，一方面供给收发器工作，另一方面给电池充电，如电路图 3-2 所示。

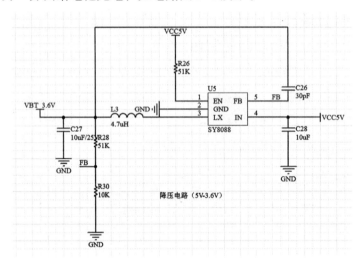

图 3-2　电源电路图

三、传输部分

主要应用到的有 BC28 和 STC12LE5A60S2 单片机这两个核心器件。其中，BC28 以它独特的网络传输性能让数据的接收和发送更加稳定、准确和稳定。另外在价格上也很低廉，降低了公司的硬件成本，同时也能够很好的监控危险地带的设备能否正常的工作。单片机成本相对较低，而使用 STC12LE5A60S2 这种类型的单片机，将芯片直接固定在设备上，避免了拆装的麻烦。并且它能够进行上万次的程序擦除，这在一方面提供了便利，操作方便。其内部的 ROM 和 RAM 能够满足程序的需要，因此就避免了额外的存储芯片，降低了设备成本，其结构如图 3-3 所示。

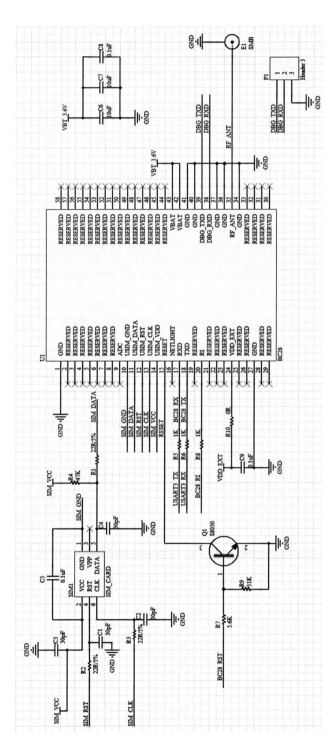

图 3-3 传输电路图

四、PCB 设计

BC28 模块的 PCB 设计如图 3-4 所示，BC28 电源电路设计需要注意以下几点：

（1）BC28 可使用低静态电流、输出电流能力达到 0.8A 的 LDO 作为供电电源，也支持锂亚电池供电；其电源输入电压范围应为 3.1V ～ 4.2V。

（2）模块在数传工作中，必须确保电源电压跌落不低于模块最低工作电压 3.1V。

（3）为了确保更好的电源供电性能，在靠近模块 VBAT 输入端，建议并联一个低 ESR 的 47uF 的钽电容，以及 100nF、100pF 和 22pF 的滤波电容。同时，建议在靠近 VBAT 输入端增加一个 TVS 管以提高模块的浪涌电压承受能力，推荐使用 WS4.5DPV。

（4）原则上，VBAT 走线越长，线宽越宽。

BC28 模块提供了一个 RF 焊盘接口供连接外部天线。BC28 模块 RF 接口两侧都有接地焊盘，以获取更好的接地性能。在射频天线接口的电路设计中，为了确保射频信号的良好性能与可靠性，在电路设计中建议遵循以下设计原则：

（1）射频信号线的特性阻抗应控制在 50Ω，应使用阻抗模拟计算工具对射频信号线进行精确的 50Ω 阻抗控制。

（2）与射频引脚相邻的 GND 引脚不做热焊盘，要与地充分接触。

（3）射频引脚到 RF 连接器之间的距离应尽量短；同时避免直角走线，建议的走线夹角为 135 度。

（4）连接器件封装建立时要注意，信号脚离地要保持一定距离。

（5）射频信号线参考的地平面应完整；在信号线和参考地周边增加一定量的地孔可以帮助提升射频性能；地孔和信号线之间的距离应至少为 2 倍线宽。

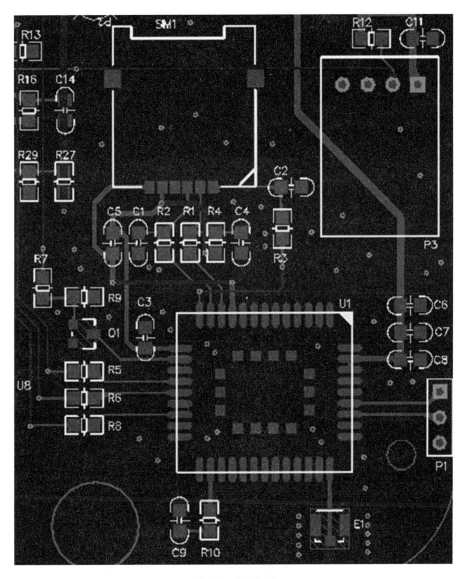

图 3-4　PCB 图

第三节 软件设计

一、单片机程序设计思路

本设计采用 Keil 开发环境，使用 C 语言设计完成一个既简单又经济实用的电源异常报警系统，从而减轻基站维护人员的工作量，方便用户通过网络监控电源工作状态。实现逻辑如下：

（1）在系统初始化的时候为了保护设备，在设置输入模式中，设置 P0^2，P0^4 端口为强上拉模式，设置 P0^3 端口为开漏模式，同时外接上拉电阻。以驱动 ds1302 时钟。

（2）初始化定时器 0，并通过中断方式利用定时器 0. 实现串口波特率定义以及数据的收发。

（3）通过网络授时函数进行网络端口的连接，为设备和服务器成功连接做好了基础。

（4）为了保证数据传送以及接收相对稳定，我们必须定义好两个串口的波特率，才能使数据包成功接收以及发送。

（5）初始化用于连接 NB 的串口 2，串口 2 只能设置为独立波特率提供波特率并打开串口。同时串口 1 实现了指令的发送和数据包的接收；串口 2 实现了网络成功连接和数据传送这两个功能。

（6）在 NB 缓冲数据握手函数中，NB 接收缓冲数据初始化函数，将 GsmRcv[] 数据清除，并且把缓冲指针移到第一位。

（7）通过单片机控制将下位机与上位机进行网络的对接，实现设备与服务器的成功连接。但是，每次发送数据必须清空缓存，并重新握手。

二、软件流程

收发器工作的流程图如图 3-5 所示。

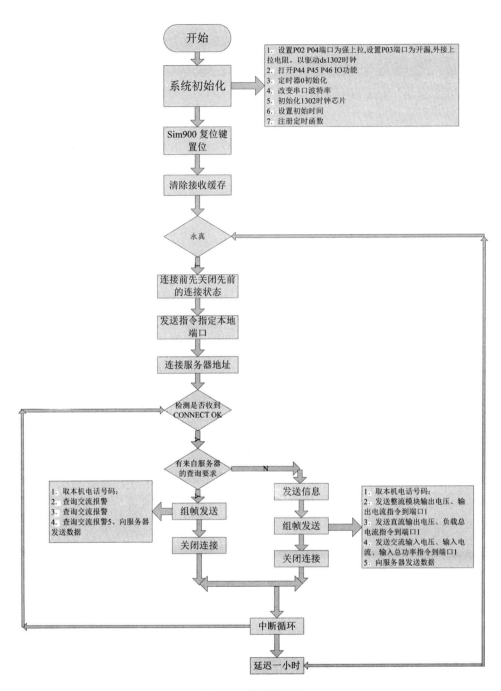

图 3-5 软件流程图

三、核心代码

单片机中主要 NB 程序为：

```
void BC28_Init（void）
{
    printf（"AT\r\n"）;
    Delay（300）;
     strx=strstr（（const char*）RxBuffer,（const char*）" OK"）;// 返回
OK
    Clear_Buffer（）;
  while（strx==NULL）
    {
        Clear_Buffer（）;
        printf（"AT\r\n"）;
        Delay（300）;
         strx=strstr（（const char*）RxBuffer,（const char*）" OK"）;//
返回 OK
    }
    BC28_Status.netstatus=1;// 闪烁没注册网络
    printf（"AT+CIMI\r\n"）;// 获取卡号，类似是否存在卡的意思，比较重要。
    Delay（300）;
     strx=strstr（（const char*）RxBuffer,（const char*）" 460"）;// 返
460
    Clear_Buffer（）;
  while（strx==NULL）
    {
        Clear_Buffer（）;
         printf（"AT+CIMI\r\n"）;// 获取卡号，类似是否存在卡的意思，
```

比较重要。

```
        Delay（300）;
         strx=strstr（（const char*）RxBuffer,（const char*）"460"）;//
返回 OK,说明卡是存在的
     }
     printf（"AT+CGATT=1\r\n"）;// 激活网络，PDP
     Delay（300）;
      strx=strstr（（const char*）RxBuffer,（const char*）"OK"）;// 激活
成功
     Clear_Buffer（）;
   while（strx==NULL）
     {
        Clear_Buffer（）;
        printf（"AT+CGATT=1\r\n"）;// 激活网络
        Delay（300）;
         strx=strstr（（const char*）RxBuffer,（const char*）"OK"）;//
激活成功
     }
     printf（"AT+CGATT?\r\n"）;// 查询激活 PDP
     Delay（300）;
     strx=strstr（（const char*）RxBuffer,（const char*）"+CGATT:1"）;//
返1
     Clear_Buffer（）;
   while（strx==NULL）
     {
        Clear_Buffer（）;
        printf（"AT+CGATT?\r\n"）;// 获取激活状态
        Delay（300）;
```

```
        strx=strstr（（const char*）RxBuffer,（const
char*）"+CGATT:1"）;// 返回 1,表明注网成功
    }
    printf（"AT+CSQ\r\n"）;// 查看获取 CSQ 值
    Delay（300）;
     strx=strstr（（const char*）RxBuffer,（const char*）"+CSQ"）;// 返
回 CSQ
    if（strx）
    {
        BC28_Status.CSQ=（strx[5]-0x30）*10+（strx[6]-0x30）;// 获取
CSQ
        if（BC28_Status.CSQ==99）// 说明扫网失败
        {
            while（1）
            {
                Uart1_SendStr（"信号搜索失败，请查看原因 !\r\n"）;
                Delay（300）;
            }
        }
        BC28_Status.netstatus=4;// 注网成功
    }
    while（strx==NULL）
    {
        Clear_Buffer（）;
        printf（"AT+CSQ\r\n"）;// 查看获取 CSQ 值
        Delay（300）;
        strx=strstr（（const char*）RxBuffer,（const char*）"+CSQ"）;//
        if（strx）
```

```
                    {
                            BC28_Status.CSQ=（strx[5]－0x30）*10+（strx[6]－0x30）;//
获取 CSQ
                            if（BC28_Status.CSQ==99）//说明扫网失败
                            {
                                while（1）
                                {
                                    Uart1_SendStr（"信号搜索失败，请查看原因!\r\n"）;
                                    Delay（300）;
                                }
                            }
                    }
            }
            Clear_Buffer（）;
            printf（"AT+CEREG?\r\n"）;
            Delay（300）;
                strx=strstr（（const  char*）RxBuffer,（const
char*）" +CEREG:0,1"）;//返回注册状态
                    extstrx=strstr（（const  char*）RxBuffer,（const
char*）" +CEREG:1,1"）;//返回注册状态
            Clear_Buffer（）;
        while（strx==NULL&&extstrx==NULL）
        {
            Clear_Buffer（）;
            printf（"AT+CEREG?\r\n"）;//判断运营商
            Delay（300）;
                strx=strstr（（const  char*）RxBuffer,（const
char*）" +CEREG:0,1"）;//返回注册状态
```

```
        extstrx=strstr（（const char*）RxBuffer,（const
char*）" +CEREG:1,1"）;// 返回注册状态
    }
    printf（"AT+CEREG=1\r\n"）;
    Delay（300）;
     strx=strstr（（const char*）RxBuffer,（const char*）" OK"）;// 返回
OK
    Clear_Buffer（）;
  while（strx==NULL&&extstrx==NULL）
    {
        Clear_Buffer（）;
        printf（"AT+CEREG=1\r\n"）;// 判断运营商
        Delay（300）;
         strx=strstr（（const char*）RxBuffer,（const char*）" OK"）;//
返回 OK
    }
    /*      printf（"AT+COPS?\r\n"）;// 判断运营商
                Delay（300）;
                strx=strstr（（const char*）RxBuffer,（const
char*）" 46011"）;// 返回电信运营商
                Clear_Buffer（）;
            while（strx==NULL）
            {
                Clear_Buffer（）;
                printf（"AT+COPS?\r\n"）;// 判断运营商
                Delay（300）;
                strx=strstr（（const char*）RxBuffer,（const
char*）" 46011"）;// 返回电信运营商
```

```
        }

    */// 偶尔会搜索不到 但是注册是正常的, 返回 COPS 2,2,"", 所
以此处先屏蔽掉
    }


    void BC28_PDPACT ( void ) // 激活场景, 为连接服务器做准备
    {
        printf ( "AT+CGDCONT=1,\042IP\042,\042HUAWEI.COM\042\r\n" ) ;// 设置
APN
        Delay ( 300 ) ;
        printf ( "AT+CGATT=1\r\n" ) ;// 激活场景
        Delay ( 300 ) ;
        printf ( "AT+CGATT?\r\n" ) ;// 激活场景
        Delay ( 300 ) ;
        strx=strstr ( ( const char* ) RxBuffer, ( const char* )" +CGATT:1" ) ;//
注册上网络信息
        Clear_Buffer ( ) ;
    while ( strx==NULL )
        {
            Clear_Buffer ( ) ;
            printf ( "AT+CGATT?\r\n" ) ;// 激活场景
            Delay ( 300 ) ;
                strx=strstr ( ( const  char* ) RxBuffer, ( const
char* )" +CGATT:1" ) ;// 返回电信运营商
        }
        printf ( "AT+CSCON?\r\n" ) ;// 判断连接状态, 返回 1 就是成功
        Delay ( 300 ) ;
            strx=strstr ( ( const  char* ) RxBuffer, ( const
```

```
char*）" +CSCON:0,1"）;// 正常连接
        extstrx=strstr（（const char*）RxBuffer,（const
char*）" +CSCON:0,0"）;// 连接断开
    Clear_Buffer（）;
  while（strx==NULL&&extstrx==NULL）
    {
        Clear_Buffer（）;
        printf（"AT+CSCON?\r\n"）;//
        Delay（300）;
            strx=strstr（（const char*）RxBuffer,（const
char*）" +CSCON:0,1"）;//
            extstrx=strstr（（const char*）RxBuffer,（const
char*）" +CSCON:0,0"）;//
    }

  }


void BC28_ConUDP（void）
{
    uint8_t i;
    printf（"AT+NSOCL=0\r\n"）;// 关闭 socekt 连接
    Delay（300）;
    printf（"AT+NSOCL=1\r\n"）;// 关闭 socekt 连接
    Delay（300）;
    printf（"AT+NSOCL=2\r\n"）;// 关闭 socekt 连接
    Delay（300）;
    Clear_Buffer（）;
    printf（"AT+NSOCR=DGRAM,17,3568,1\r\n"）;// 创建一个 Socket
```

```
        Delay（300）;
        strx=strstr（（const char*）RxBuffer,（const char*）"OK"）;//返回
OK
    while（strx==NULL）
    {
        strx=strstr（（const char*）RxBuffer,（const char*）"OK"）;//返回
OK
    }
    BC28_Status.Socketnum=RxBuffer[2];
    Clear_Buffer（）;
        printf（"AT+NSOST=%c,47.107.132.110,5432,%c,%s\r\n",BC28_Status.
Socketnum,'8',"727394ACB8221234"）;//发送0socketIP和端口后面跟对应
数据长度以及数据,
        Delay（300）;
        strx=strstr（（const char*）RxBuffer,（const char*）"OK"）;//返回
OK
    while（strx==NULL）
    {
        strx=strstr（（const char*）RxBuffer,（const char*）"OK"）;//返回
OK
    }
    Clear_Buffer（）;
    for（i=0;i<100;i++）
    RxBuffer[i]=0x00;
}
void BC28_Senddata（uint8_t *len,uint8_t *data）
{
        printf（"AT+NSOST=%c,47.107.132.110,5432,%s,%s\r\n", BC28_Status.
```

121

Socketnum,len,data）;// 发送 0 socketIP 和端口后面跟对应数据长度以及数据 ,727394ACB8221234

```
        Delay（300）;
        strx=strstr（（const char*）RxBuffer,（const char*）" OK"）;// 返 回
OK
        while（strx==NULL）
        {
                strx=strstr（（const char*）RxBuffer,（const char*）" OK"）;//
返回 OK
        }
        Clear_Buffer（）;


    }
    void BC28_RECData（void）
    {
        char i;
        //static char nexti;
            strx=strstr（（const char*）RxBuffer,（const
char*）" +NSONMI:"）;// 返回 +NSONMI:，表明接收到 UDP 服务器发回的数据
        if（strx）
            {
                Clear_Buffer（）;
                BC28_Status.Socketnum=strx[8];// 编号
                for（i=0;;i++）
                {
                    if（strx[i+10]==0x0D）
                        break;
                    BC28_Status.reclen[i]=strx[i+10];// 长度
```

```
        }
        printf（"AT+NSORF=%c,%s\r\n",BC28_Status.Socketnum,BC28_
Status.reclen）;// 长度以及编号
        Delay（300）;
        strx=strstr（（const char*）RxBuffer,（const char*）","）;//
获取到第一个逗号
                strx=strstr（（const char*）（strx+1）,（const
char*）","）;// 获取到第二个逗号
                strx=strstr（（const char*）（strx+1）,（const
char*）","）;// 获取到第三个逗号
        for（i=0;;i++）
        {
            if（strx[i+1]==','）
            break;
            BC28_Status.recdatalen[i]=strx[i+1];// 获取数据长度

        }
                strx=strstr（（const char*）（strx+1）,（const
char*）","）;// 获取到第四个逗号
        for（i=0;;i++）
        {
            if（strx[i+1]==','）
            break;
            BC28_Status.recdata[i]=strx[i+1];// 获取数据内容
        }
        }
    }
    void BC28_LOWPOWER（void）
```

```
{
    Clear_Buffer ( ) ;
    printf ( "AT+CPSMS=1,01000011,00000011\r\n" ) ;// 设置为省电模式,
启动 PSW, 配置 T3412 三十小时, T3324 六秒
    Delay ( 300 ) ;
    strx=strstr ( ( const char* ) RxBuffer, ( const char* )" OK" ) ;// 返回
OK
    while ( strx==NULL )
    {
            strx=strstr ( ( const  char* ) RxBuffer, ( const
char* )" OK" ) ;// 返回 OK
    }
    Clear_Buffer ( ) ;
        printf ( "AT+NPSMR=1\r\n" ) ;
    Delay ( 300 ) ;
    printf ( "AT+NPSMR?\r\n" ) ;// 省电模式状态报告
    Delay ( 300 ) ;

}
```

第四节　NB–IoT 电信业务对接

一、概要介绍

（一）功能组网介绍

NB-IoT 组网结构如图 3-6 所示。在设备侧,智能设备采用了 NB-IoT 芯片,

它和中国电信物联网开放平台之间通过 CoAP 协议通信。CoAP 报文的 payload 里是设备的应用数据。

应用服务器通过 http/https 协议和平台通信，通过调用平台的开放 API 来控制设备，平台把设备上报的数据推送给应用服务器。平台支持对设备数据进行协议解析，转换成标准的 json 格式数据。

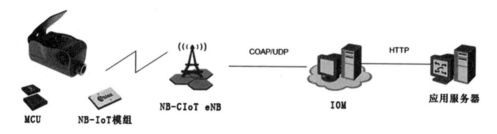

图 3-6 组网图

（二）整体业务介绍

基于 NB-IoT 的系统架构如图 3-7 所示，主要包含 NB 设备、NB-IoT 控制器、中国电信物联网开放平台、垂直行业应用等四个层级：

NB 设备：通过无线网络连接到中国电信物联网开放平台，采用 CoAP 协议接入。将设备读数，告警等信息上报到平台，如水表、燃气表等。

NB-IoT 控制器：实现对 NB-IoT 终端的移动性管理与会话管理；为 NB-IoT 终端建立用户面承载，传递上下行业务数据。

中国电信物联网开放平台：实现对各种 NB-IoT 设备数据的统一管理，同时向第三方应用系统开放接口，让各种应用能快速构建自己的物联网业务。

垂直行业应用：实现对 NB 设备的业务管理，包括业务发放、业务控制和呈现等，由第三方基于中国电信物联网开放平台开放接口进行开发。

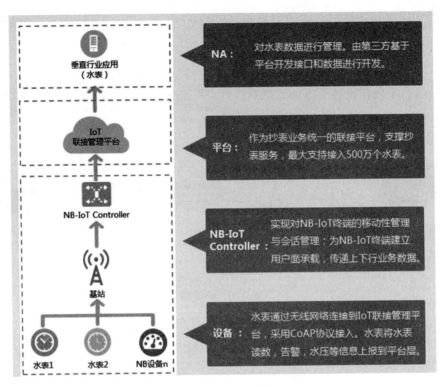

图 3-7　业务架构

（三）业务测试接入流程

为客户接入测试便捷化，制定了如下的测试接入流程如图 3-8 所示。

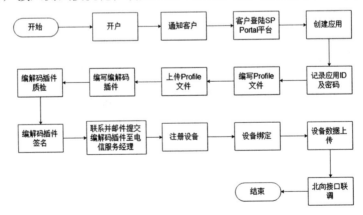

图 3-8　业务接入测试流程

二、准备工作

（一）获取测试环境账号

客户或电信政企经理登录"天翼物联产业联盟"微信公众号填写开放平台测试账号申请。申请流程如图3-9、3-10、3-11所示。

图3-9 查找微信公众号并进入

图3-10 点击联盟服务选择实验服务申请

图 3-11　完成表格填写并提交

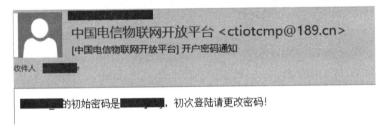

图 3-12　账号申请通过后，收到账号和初始密码

（二）创建 APP 应用

登录中国电信物联网开放平台对接测试环境 SP Portal（https://180.101.147.135:8843）。初次登录需要修改初始密码。如图 3-13 所示。

图 3-13 SP Portal

选择【应用管理】->【应用】点击右上角"+创建应用"。

典型的 NB-IoT 应用的参数包括产品名称、产品型号、厂商 ID、所属行业、设备类型、接入协议类型等。

所属行业：公用事业（NB-IoT）

关联 API 包：基础 API 包和公用事业（NB-IoT）API 包

平台能力：规则引擎

数据存储时间：7。当超过了数据存储时间以后，应用将不能再获取到已上报的数据。

短信服务器：使用户可以通过短信服务器实现与工程师的紧密联络。服务器可以选择平台已经支持的服务器之一，也可以选择第三方服务器。

邮件服务器：使用户可以通过邮件服务器实现与工程师的紧密联络。服务器可以选择平台已经支持的服务器之一，也可以选择第三方服务器。

CA 证书：第三方应用通过 HTTPS 对接中国电信物联网开放平台时服务器下发的证书，用于身份识别和电子信息加密，实现双向认证。证书文件限制为不超过 1M 的 PEM 格式文件。当第三方应用通过 HTTP 对接中国电信物联网开放平台时，不需要上传 CA 证书。

创建 APP 成功后，得到应用 ID 和应用密钥，请保存。

（三）NB-IoT 参数设置

点击已经创建好的应用，并对 NB-IoT 参数进行设置。

可以设置 NB-IoT 工作模式。目前平台支持设置如下三种模式：

PSM 模式：Power Saving Mode，省电模式。对下行业务时延无要求，对于下行业务消息，可等待设备发送上行数据进入连接态后再发送，可进一步节省终端功耗。如智能水表。

DRX 模式：Discontinuous Reception，不连续接收模式。对下行业务时延要求高，可认为设备一直在线，消息能够立即下发。如路灯。

eDRX 模式：Extended idle mode DRX，扩展不连续接收模式。DRX 的扩展模式，对下行业务时延有较高要求，可根据系统配置立即下发消息或者缓存消息。如智能穿戴设备。

当省电模式设置为 PSM 模式时，ACTIVE TIMER 可以不设置，无影响；当省电模式设置为 eDRX 模式时，eDRX 周期的设置需要与网络侧的一致，请联系中国电信物联网开放平台支持人员获取参数配置数据。

这里参数的设置要与网络侧保持一致，参数的设置只是配置到中国电信物联网开放平台中，不会配置到网络或者设备。

三、定义设备模型

（一）设备模型介绍

设备模型是指中国电信物联网开放平台支持注册新的设备模型，并支持对设备模型进行管理。设备模型包括：产品、设备模板和服务模板。三者关系如图3-14所示。产品由设备模板、制造厂商、型号、协议等构成的具体实例。SP Portal支持用户根据需求自定义产品。设备模板通过设备服务定义设备基本特性和能力。设备模板由多个服务模板组成。SP Portal支持用户使用预置设备模板，也支持用户根据需求自定义设备模板。服务模板定义设备能力，包括属性、命令、事件等。SP Portal支持用户使用预置服务模板，也支持用户根据需求自定义服务模板。

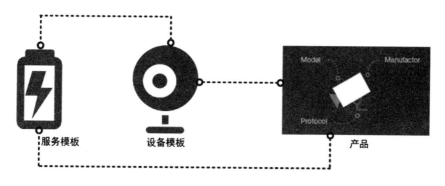

图3-14　产品、设备模板和服务模板关系图：

（二）定义产品的设备模型

设备模型定义了一个类型的设备具备哪些服务能力，每个服务有哪些属性（即上报的数据有哪些字段），有哪些命令以及命令的参数。每个厂家在接入NB-IoT之前必须先定义自己的产品的设备模型。下面通过一个例子介绍一下如何定义产品设备模型。

例如：某产品设备的制造信息如图3-15所示：

厂商ID：ChinaTelecom。

厂商名字：ChinaTelecom。

设备类型：SmartDevice。

设备型号：NBIoTDevice。

该设备具有三个服务能力：分别为亮度（Brightness）、温度（Temperature）、电力（Electricity）。其中，亮度（Brightness）服务拥有一个亮度属性及设置该属性值的命令方法；温度（Temperature）服务具有一个温度（temperature）属性及一个设置温度的方法命令；电力（Electricity）具有四个属性，分别为：电压（votage），电力当前值（current），频率（frequency）及功率因数（powerfactor）。下面通过在 SP portal 设置该设备能力到平台。

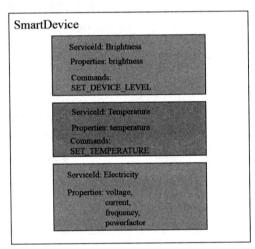

图 3-15　产品设备示例图

（三）新增服务模板

使用浏览器登录 SP Portal；单击左侧 ⚙，打开"设备管理"页面；单击"模型"下拉选项，单击"服务模板"，打开"服务模板"页面；单击界面右上角"+ 新增服务模板按钮"进入图 3-16 所示界面。例如，增加温度（Temperature）服务。

图 3-16　新增服务模板

单击确定后即可，温度服务模板创建完毕。服务电力（Electricity）创建过程类似，不再赘述。服务亮度（Brightness）已经预置，不用再创建。

（四）新增服务属性

以温度服务为例，该服务具有一个属性即温度（temperature），现新增该属性。点击刚新增的温度服务如图 3-17 所示，进入设置界面。

服务列表 ⑦

服务名称	Service ID		描述
∧	config_temp		请输入相关描述

属性列表

属性名称 Propertyname	数据类型	范围	步长	单位
temp	int	0 ~ 65535	1	℃
Humid	int	0 ~ 65535	1	%

图 3-17　Temperature 服务

单击"属性"，单击"新增属性"，弹出"新增属性"页面。根据实际情况设置下列参数如图 3-18 所示。

名称：属性名称，且系统唯一。

属性类型：包括 int、long、decimal、string、DateTime、jsonObject。

最小、最大、步长、单位：当属性类型为 int、long 和 decimal 时，才会出现。

长度：当选择属性类型为 string、jsonObject 或 DateTime 时，才会出现。

访问模式：属性能够访问的模式。

是否必选：属性是否必选。

图 3-18　新增服务属性

点击 ✓ ，即可完成对温度属性的设置。其他服务属性值设置类似，不再赘述。

（五）新增服务命令

以温度服务为例，该服务具有一个命令即一个设置温度的命令（SET_TEMPERATURE）现新增该服务命令。点击刚刚新增的温度服务，单击"命令"，单击"新增命令"，弹出"新增命令"页面如图 3-19 所示。

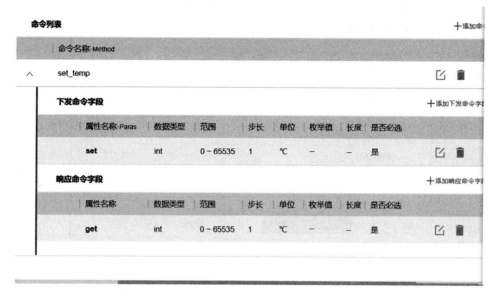

图 3-19 新增服务命令

单击确定 即可在命令栏看到新增的命令。

（六）新增设备模板

使用浏览器登录 SP Portal；单击左侧 ，打开"设备管理"页面；单击"模型"下拉选项，选择"关于模型"，打开"关于模型"页面；单击"自定义设备模板"，打开"设备模板"页面如图 3-20 所示。单击右上角"新增设备模板"，弹出"新增设备模板"页面。根据实际情况设置下列参数：

设备模板：设备模板名称，且系统唯一，这里填写 SmartDevice。

描述（可选）：设备模板描述内容。

135

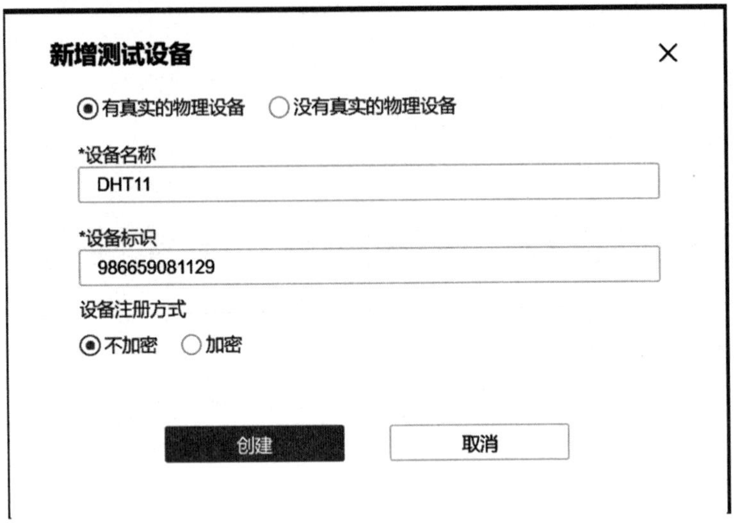

图 3-20　新增设备模板

（七）新增自定义产品

使用浏览器登录 SP Portal；单击左侧 ，打开"设备管理"页面；单击"模型"下拉选项，选择"关于模型"，打开"关于模型"页面；单击"自定义产品"，打开"产品"页面。单击右上角"新增设备"按钮，弹出"添加设备产品"页面如图 3-21 所示。根据实际情况设置下列参数：

设备类型：产品所属的设备类型。作为例子，这里填写 3.6 节设备模板名称。

型号：产品所属的型号。

厂商 ID：产品所属的厂商 ID。

厂商：产品所属的厂商名称。

协议：产品所属的协议类型。NB-IoT 目前仅有 CoAP 和 LWM2M 两种协议，请正确选择接入协议。

单击"点击上传文件"上传产品图像。

（可选）描述：产品描述内容。

我的设备 ＞ **DHT11**

| 设备详情 | 历史数据 | 设备日志 | 历史命令 |

设备名称

DHT11

验证码

986659081129

设备ID

69007da8-6fc5-4edc-be0d-c52c211bcf71

设备标识码

986659081129

设备类型

Bulb

厂商ID

ac025e93b3524104a1ffb072bde523ea

厂商名称

shiyanyongpin

协议类型

CoAP

位置

Shenzhen

设备型号

nbiot

图 3-21　添加设备产品

单击 ✓ ，完成自定义设备产品创建。

创建完设备后，设备产品模型中的服务项还是空的，需要将温度（Temperature）、电力（Electricity）两个已创建好的服务添加。

另外还需要添加预置服务亮度（Brightness）。

单击已创建好的设备产品，单击服务列表中的"添加服务"，打开"添加服务类型"页面，如图 3-22 所示。选定需要加入的服务能力。单击 ✓ 即可完成。

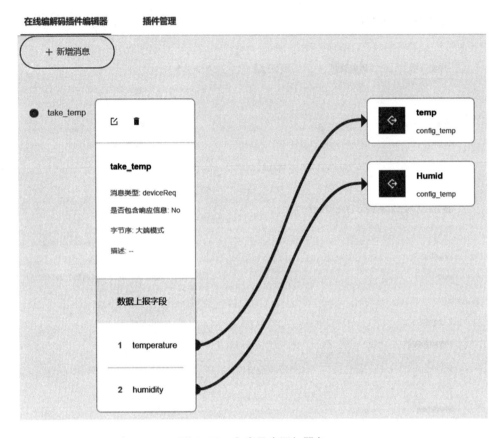

图 3-22　向产品中添加服务

（八）编写 profile 文件

此章节针对方式二使用《中国电信物联网开放平台_设备能力描述文件 profile 开发指南》离线制作 Profile 文件后再导入到中国电信物联网开放平台的场景。模型 profile 文件包的组成如图 3-23 所示。

名称	修改日期	类型
profile	2016/10/10 16:39	文件夹
service	2016/10/10 16:45	文件夹

图 3-23　一级目录结构

profile 文件夹中，包含 devicetype-capability、devicetype-display 两个 JSON 文件；其中 devicetype-capability 描述了设备的 manufacturerId（制造商 ID）、manufacturerName（制造商名称）、model（设备型号）、protocolType（协议类型）、deviceType（设备类型）、serviceTypeCapabilities（服务能力）如图 3-24 所示。

```
{
    "devices": [
        {
            "manufacturerId": "Huawei",
            "manufacturerName": "Huawei",
            "model": "NBIoTDevice",
            "protocolType": "CoAP",
            "deviceType": "WaterMeter",
            "serviceTypeCapabilities": [
                {
                    "serviceId": "Brightness",
                    "serviceType": "Brightness",
                    "option": "Master"
                },
                {
                    "serviceId": "Electricity",
                    "serviceType": "Electricity",
                    "option": "Optional"
                },
                {
                    "serviceId": "Temperature",
                    "serviceType": "Temperature",
                    "option": "Optional"
                }
            ]
        }
    ]
}
```

图 3-24 profile 文件示例

service 文件夹结构如图 3-25 所示。主要描述 profile 文件夹的 devicetype-capability 文件中 serviceTypeCapabilities 字段提到的各项服务能力，并对每一项能力进行描述。

名称	修改日期	类型
Brightness	2016/10/10 16:39	文件夹
Electricity	2016/10/10 16:39	文件夹
Temperature	2016/10/10 16:39	文件夹

图 3-25　service 文件夹结构示例

（九）上传 profile 文件

上传 profile 文件功能菜单的路径为：设备管理 > 模型 > 导入模型

四、开发编解码插件并安装

（一）开发编解码插件

设备模型是设备的抽象模型，把设备的功能抽象为服务，对编解码库插件而言，其定义了 decode 接口的输出，encode 接口的输入格式。编解码插件开发可参考《中国电信物联网开放平台 V100R001C30 编解码库开发与升级指南》文档。

（二）编解码插件质检

编解码插件的质检是检测编解码是否能够正常使用的关键步骤，请参照编解码插件检查工具说明，来进行操作。

工具下载地址：http://www.tianyiIoT.com/attchment/174/ 中国电信物联网开放平台编解码插件检测工具 .zip

（三）对插件包进行离线签名

当编解码插件开发完后，在安装到平台之前，需要先对插件包进行签名。此时需要下载离线签名工具并进行签名操作。操作界面如图 3-26 所示。操作步骤如下：

步骤1 使用浏览器登录 SP Portal。

步骤2 下载离线签名工具。

（1）单击左侧 ⚙ 图标，打开管理页面。

（2）单击左侧导航栏"工具"，在右侧区域单击"下载"，下载离线签名工具。

步骤3 在下载路径找到压缩包"signtool.zip"，右键菜单中选择"Extract to signtool\"解压缩至文件夹"signtool"。

步骤4 进入 signtool 文件夹，运行"signtool.exe"。操作界面如下所示。

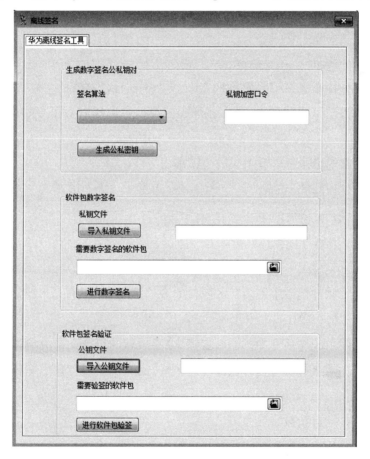

图 3-26 离线签名工具

步骤5 生成数字签名公私钥对。

（3）根据实际情况选择签名算法。

目前提供两种签名算法：

ECDSA_256K1+SHA256

RSA2048+SHA256

（4）设置"私钥加密口令"。

口令复杂度说明：

口令长度至少为6个字符

口令必须包含如下至少两种字符的组合：

至少一个小写字母

至少一个大写字母

至少一个数字

至少一个特殊字符：`~!@#$%^&*（）-_=+\|[{}];:'"，<.>/？和空格

（5）单击"生成公私密钥"，在弹出的窗口中选择需要保存的目录，单击"确定"。

可在保存的目录下查看生成的公私密钥文件。

公钥文件：public.pem。

私钥文件：private.pem。

步骤6 对软件包进行数字签名。

📖 **说明**

（6）在"软件包数字签名"区域，单击"导入私钥文件"，选择步骤5.3中生成的私钥文件，单击"打开"。

（7）在弹出的对话框中，输入步骤5.2中设置的口令，单击"确定"。

（8）在"需要数字签名的软件包"区域，选择需要进行数字签名的软件包。单击"打开"。

（9）单击"进行数字签名"。

签名成功后，在原软件包所在目录生成名为"XXX_signed.XXX"的带签名的软件包。

步骤7 软件包签名验证。

（10）在"软件包签名验证"区域，单击"导入公钥文件"，选择步骤5.3

中生成的公钥文件，单击"打开"。

（11）在"需要验签的软件包"区域，选择步骤6中生成的名为"XXX_signed.XXX"的带签名的软件包。单击"打开"。

（12）单击"进行软件包验签"。

验证成功则弹出"验证签名成功！"提示框。

验证失败则弹出"验签异常！"提示框。

（四）上传公钥及签名后的插件包

编解码插件化能够动态的新增编解码库，这样新增设备接入时，只需要把对应的编解码库动态导入到平台，就能够兼容新增的设备。请将公钥以及签名后的插件包发送给中国电信物联网开放平台支持人员，由中国电信完成公钥和签名后的插件包的上传配置。

五、设备接入平台

（一）登录应用

应用访问中国电信物联网开放平台时必须首先进行登录，登录成功后获取访问令牌（accessToken）。这一步消息中的appId和secret就是在"创建APP应用"步骤里获取的信息。

消息示例：

Method：POST

request：（非JSON格式）

https://server:port/iocm/app/sec/v1.1.0/login

Content-Type:application/x-www-form-urlencoded

Body：

appId=******&secret=******

```
response：
Status Code: 200 OK
Content-Type: application/json
Body:
{
    "accessToken"："*******"，
    "tokenType"："*******"，
    "expiresIn"："*******"，
    "refreshToken"："*******"，
    "scope"："*******"
}
```

注意：如果多次获取令牌，则之前的令牌失效，最后一次获取的令牌才有效。请勿并发获取令牌。

这一步获取 token 后，接下来所有接口必须在 https 消息头里携带表 3-2 所示字段。

表 3-2 携带字段

字段	描述
app_key	填写 appId
Authorization	填写 Bearer accessToken（注意中间有空格）

（二）订阅

为了能接受设备上报的数据，NA 需要向中国电信物联网开放平台订阅通知消息。

订阅设备数据上报通知：

```
POST  https://server:port/iocm/app/sub/v1.1.0/subscribe
Header:
app_key: ******
```

Authorization:Bearer ******

Content-Type:application/json

Body:

{

    "notifyType" : "deviceDataChanged",

    "callbackurl" : "https://183.4.11.104:9999/"

}

订阅成功后，设备上报数据时，中国电信物联网开放平台会将数据推送到callbackurl上。

（三）注册设备

1. 有应用服务器设备注册

所有设备必须先在北向进行注册，才允许连接到平台。通过注册设备，平台会为每个设备分配一个唯一的标识 deviceId，后续应用操作这个设备时都通过 deviceId 来指定设备。另外，还返回 psk 参数（如果用户未指定 psk 参数，平台会随机分配一个参数），南向设备绑定时，如果设备与平台之间走 DTLS 加密通道，则须用到该参数，请保存。在 SP portal 上也可以通过 deviceId 来找到设备。

Method：POST

request:

https://server:port/iocm/app/reg/v1.1.0/devices

Header:

app_key: ******"

Authorization:Bearer ******

Content-Type:application/json

Body:

{

    "verifyCode" :" 447769804451095",

```
"nodeId":" 447769804451095",

"psk": "12345678",

    "timeout":0

}

response:

Status Code: 201 CREATED

Content-Type: application/json

Body:

{

    "deviceId": "*******",

    "verifyCode": "*******",

    "psk": "12345678",

    "timeout": 0

}
```

2. 无应用服务器设备注册

无应用服务器情况下, 厂商可以用设备模拟器来进行设备的模拟注册。方便厂商进行联调开发。软件界面如图 3-27、3-28 所示。

工具下载地址: http://www.tianyiIoT.com/attchment/173/ 中国电信物联网开放平台北向 API 调试工具 –_GUI_APPDemo-master.zip

IP: 180.101.147.89; 端口: 8743。

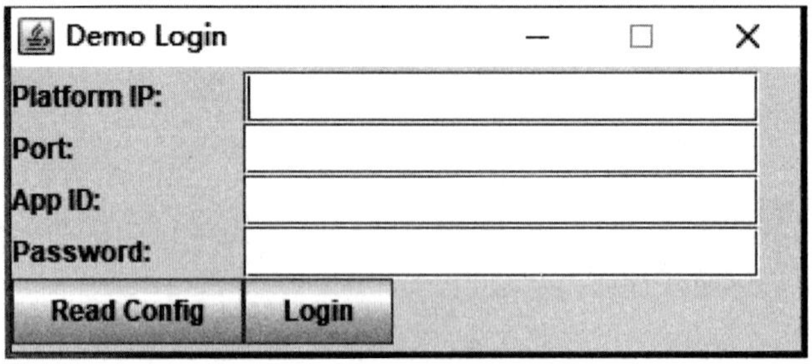

图 3-27　设备注册工具登录

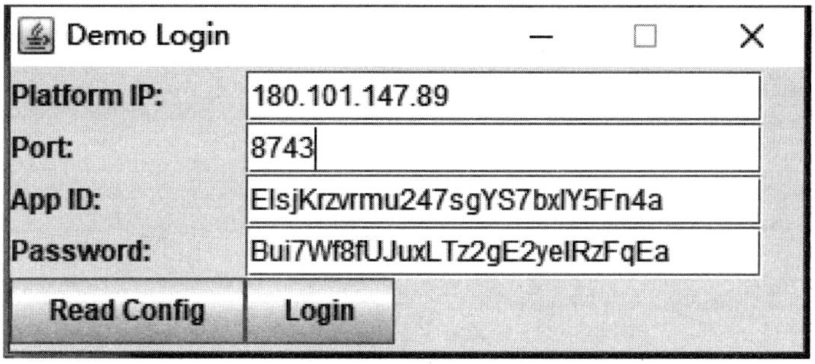

图 3-28 填写平台 IP、端口、应用 ID、应用密码后，进行登录

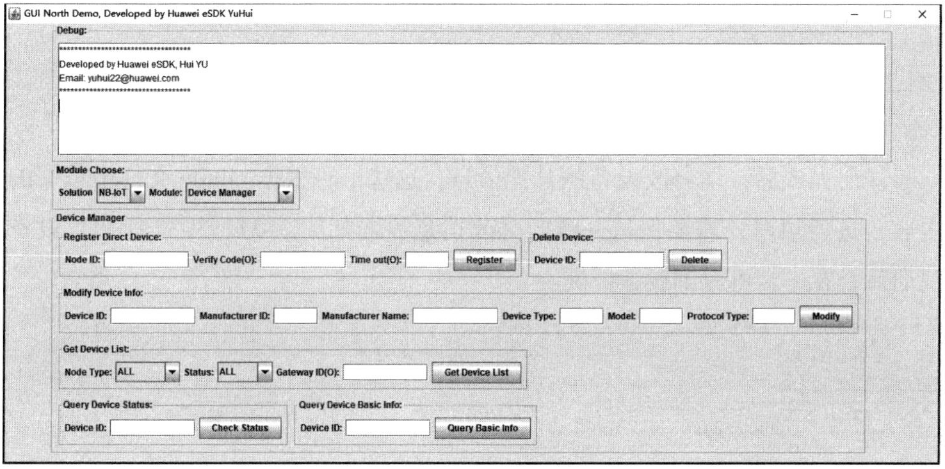

图 3-29 登录后界面

在图 3-29 界面中填写设备 Node ID 等信息，并进行注册，其中 Node ID 为设备唯一编码 ID，Verify Code 与 Node ID 相同；Time Out 参数填写，请根据设备传输情况填入（如果即时传输，请填"0"）。如图 3-30 所示。

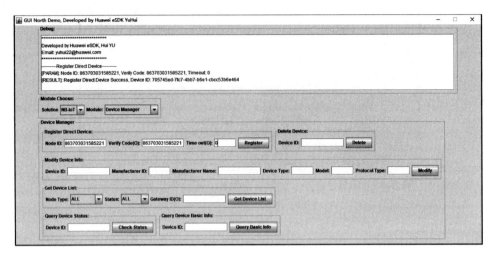

图 3-30　设备注册

注册完成后，请修改设备的其他信息，这些信息根据 profile 文件中填写的内容，进行填写，需要保持一致。修改信息界面如图 3-31、3-32 所示。设备注册后，在平台可看到设备情况。

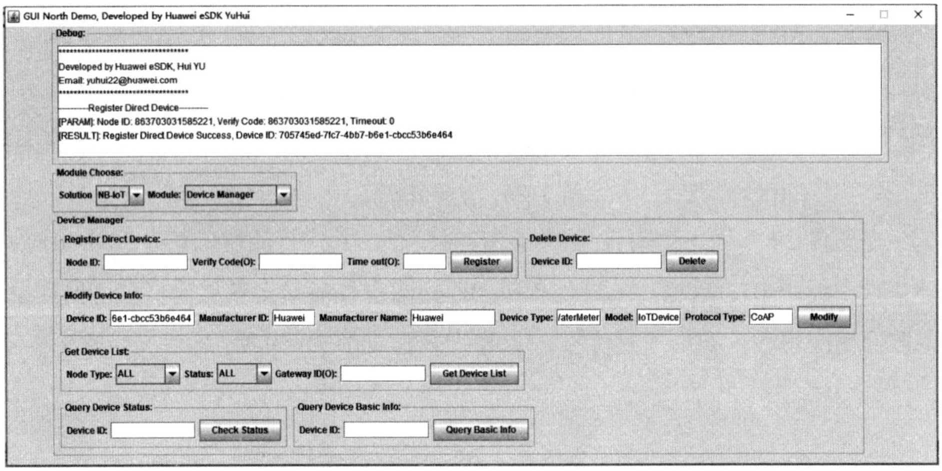

图 3-31　修改设备信息

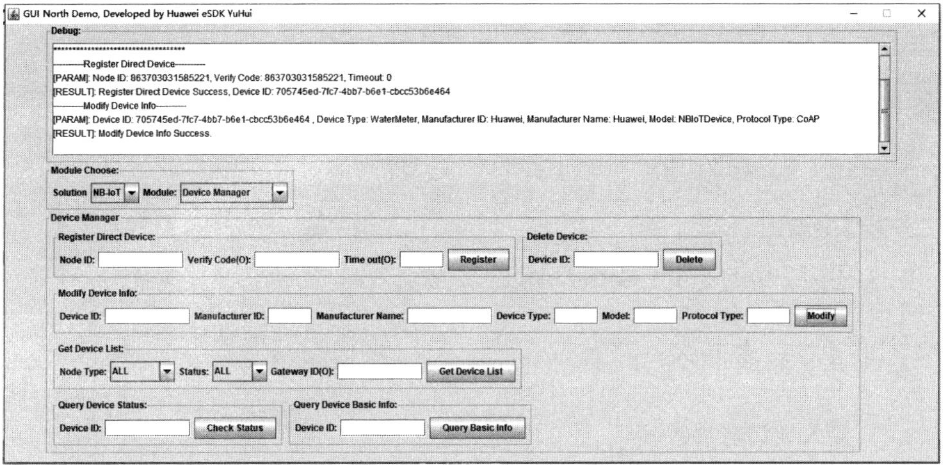

图 3-32　修改成功后

（四）设置设备信息

这一步是为了把设备的厂商、型号、设备类型等信息设置到平台，平台在处理过程中需要这些信息。

Method：PUT

request：

https://server:port/iocm/app/dm/v1.1.0/devices/{deviceId}

Header：

app_key: ******

Authorization:Bearer ******

Content-Type:application/json

Body:

{

"manufacturerId"："****"，

" manufacturerName "："****"，

　　"deviceType"："****"，

　　"protocolType"：" CoAP"，

```
    "model"："****"
}
```

response：

Status Code: 200 OK

📖 **说明**

上述例子中的 5 个字段都必须进行设置。

（五）设备接入

1. 接入端口与协议

目前中国电信物联网开放平台支持加密与非加密两种接入设备接入方式，其中加密业务数据交互端口是 5684 端口。5684 端口走 DTLS+CoAP 协议通道接入，非加密端口为 5683，接入协议为 CoAP。

NB-IOT 设备端使用加密端口接入时提供必要的数据凭证，并支持标准 DTLS 协议。

设备在登录平台前，需将设备对接平台的端口设置为 5684（即走 DTLS 加密通道）。

建议将设备出厂前的 PSK 秘钥预置到中国电信物联网开放平台中，PSK 秘钥的数据类型为 String 型，长度范围为 8 ～ 32 位。调用 5.3 注册设备接口，即可将设备 PSK 设置到平台。

使用用非加密端口接入时，只需要使用原生的 CoAP 协议进行传输，同时将对接平台设置为 5683 即可。

2. 注册接口

无论是加密方式还是非加密方式，设备都只需使用标准 OMA 接口进行注册，CoAP url 里带的参数可能有：ep = {Endpoint Client Name}&lt={Lifetime}&sms={MSISDN}&lwm2m={version}&b={binding mode}&{ObjectLinks}，为兼容旧协议，除 ep 外其余均为可选。接口示例如表 3-3 所示。

表 3-3 接口示例

操作	Register（设备注册消息）
lwm2m-URI	address/rd?ep={endpoint name}&lt={lifetime}&sms={smsNumber } &lwm2m={version}&b={binding}&{ObjectLinks}
lwm2m 参数说明	{endpoint name}：必选，即为注册的 endpoint name（endpointname 字段包含两部分内容，前面字符为 UE 的 IMEI 号码，后面为 UE 的 IMSI 的号码，两部分内容由特殊的分隔符分开，比如 ";"）；章节 5.3 中的 nodeId 需与 endpoint name 一致。 {lifetime}：可选，默认值为 86400 s（24 小时） {version}：可选，默认为 1.0 {binding}：可选，默认为 U（即 UDP） {ObjectLinks}：必选，如 </1/1>, </2/1>, </3/0>。
CoAP- Method	POST
CoAP- Option	Option 1：Uri-Path（11）：rd，说明：括号里面的为 Option 编号 Option 2：Content-Format（12）：application/link-format Option 3：Uri-Query（15）：{binding} Option 4：Uri-Query（15）：{lifetime} Option 5：Uri-Query（15）：{endpoint name}
CoAP- payload	lwm2m 协议相关参数加上 {ObjectLinks}， 例如 </>;rt="oma.lwm2m",</1/0>,</3/0>,</6/0>
Success	2.01 Created
Failure	4.00 Bad Request, 4.03 Forbidden

①平台需要处理 ep，要求设备携带 imei 作为 ep，与北向注册时携带的 nodeId 必须一致。

②设备注册成功平台将会返回 registeration Id 以用于后续的注册更新与设备去注册。

注：平台暂时不会处理 LifeTime，及当 LifeTime 超时，设备订阅信息也不会被删除。

3. 更新注册接口

根据协议设备可以使用注册更新接口进行设备信息更新，包括 LifeTime 以及绑定模式（binding mode）等。接口示例如表 3-4 所示。

表 3-4 接口示例

操作	Update(设备注册更新)
lwm2m-URI	address/{registerationId } ? lt={lifetime}&b={binding}

续表

操作	Update(设备注册更新)
参数说明	{ registerationId }：必选，需要更新的设备； {lifetime}：可选，默认值为 86400 s（24 小时）； {binding}：可选，默认为 U（即 UDP）
CoAP–Method	POST
CoAP–Option	Option 1：Location–Path（8）：{ registerationId } Option 3：Uri–Query（15）：{binding} Option 4：Uri–Query（15）：{lifetime}
CoAP–payload	
Success	2.04 Changed
Failure	4.00 Bad Request, 4.01 Unauthorized

设备注册更新使用 OMA 标准的接口，设备需要携带平台发放的 registeration Id，进行注册更新，平台将会校验 registeration Id，如果校验通过将会按照协议返回 2.04 Change 响应，同时发送设备上线消息。否则返回 4.01 Unauthorized.

4. 设备注销接口

设备可以使用 De–register 接口进行设备注销并使设备离线，其接口示例如表 3–5 所示。

表 3–5 接口示例

操作	De–register（设备注销消息）
lwm2m–URI	address/{ registerationId }
CoAP–Method	DELETE
CoAP–Option	Option 1：location–Path（8）：{ registerationId }
CoAP–payload	
参数说明	{location}：必选，需要注销的设备；
Success	2.02 Deleted
Failure	4.00 Bad Request, 4.04 Not Found

六、设备上线

（一）正式环境

完成这一步时，设备已经可以接入到平台。配置好网络，开启设备，观察设备是否成功接入到平台。

登录 SP Portal 的设备管理页面，查看设备列表，如图 3-33 字段 ID 即为在第三步里注册设备时生成的 deviceId，status 字段表示设备的在线状态，如果状态是在线（online）表示设备已经成功的接入到平台，接着就可以接收设备的数据。

设备列表　　　　　　　　　　　　　　　　　　　　　　　　　Q　请输入设备名称、设

状态 ⑦	设备名称	设备ID	所属产品	型号	设备类型
● 离线	DHT11	69007da8-6fc5-4edc-be0d-c52c211bcf71	APPtestCase001	nbiot	Bulb
● 离线	温湿9	8d3074a8-9d5c-4e1d-9405-3fafd4fde44e	温湿度监控	867726039943347	Water
● 离线	温湿度	fd663a10-71b0-427f-bf03-aaaf78181ef1	温湿度监控	867726039943347	Water
● 离线	温湿8	4c76e7c8-69b4-4c76-8d69-53eaffe7f593	温湿度监控	867726039943347	Water
● 离线	温湿7	c069749f-78c4-4ad7-87fd-f7b2ed49060d	温湿度监控	867726039943347	Water
● 离线	温湿6	43adb4a7-47ae-4fbf-a7bd-30e58f97128e	温湿度监控	867726039943347	Water
● 离线	温湿5	43ca2281-140e-48c1-9eb5-8ddd4e165f49	温湿度监控	867726039943347	Water
● 离线	温湿4	86c6bd27-bc86-4922-81e0-a6eeb726bed2	温湿度监控	867726039943347	Water
● 离线	温湿3	e891512b-2521-4727-88e8-b9ea5cd5b89d	温湿度监控	867726039943347	Water

图 3-33　查看设备列表

（二）模拟环境

联调过程中也可用设备模拟器来辅助验证。

工具下载地址：http://www.tianyiIoT.com/attchment/163/NB-IoT 设备模拟器 .zip

1. 设备绑定

如图 3-34 所示，打开模拟器，并选择"否"，开始使用工具

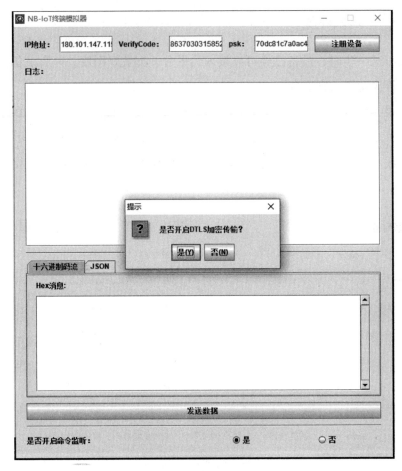

图 3-34 模拟器界面

输入 IP：180.101.147.115，设备 VerifyCode 号码，进行登录。如图 3-35 所示。

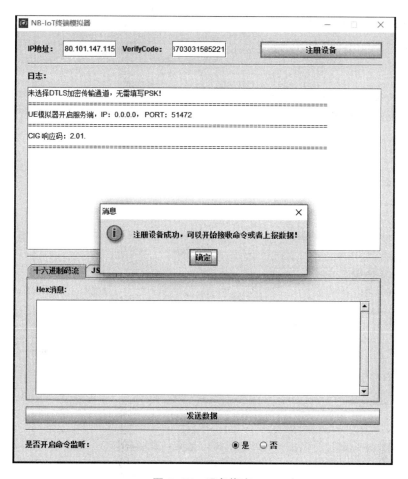

图 3-35 设备绑定

2. 设备数据上报

如图 3-36 所示输入厂商对应的指令编码，进行数据发送。

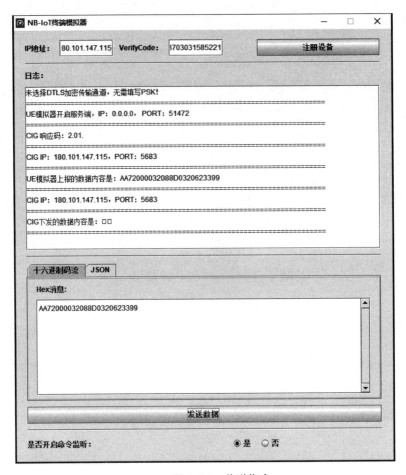

图 3-36　传送指令

在图 3-37 所示界面，平台查看设备在线情况。

图 3-37　平台设备状态

点击设备，在数据菜单，查看设备传输数据情况。如图 3-38 所示。

设备详情	历史数据	设备日志	历史命令

设备日志 正在记录日志…

时间	日志详情
2020/10/18 10:14:44 GMT+08:00	[CIG]Datareport cig received message from device. IMEI = huawang20181602987271425, reqMID = 61299, coapToken = [36, -110, 119, -50,
2020/10/18 10:14:44 GMT+08:00	[CIG]Datareport get prptocol interpreter failed. Platform can not find the matched plugin, but platform support to report binaryData witho
2020/10/18 10:14:44 GMT+08:00	[CIG]Datarepor sendcmd cig send cmd to iocm success. [DeviceData{ reportType= DATA, service= RawData, datas= {rawData=[B@3c324
2020/10/18 10:14:44 GMT+08:00	[IoCM]Datareport iocm receive data from cig by kafka. UpdateDeviceDatasDTOGW2Cloud [header=Header [requestId=null, method=POS eventTime=20201018T021444Z]]]] templateId = storageMode
2020/10/18 10:14:44 GMT+08:00	[IoCM]Datareport servicetype notfound. No serviceType corresponding to serviceId was found on the platform, serviceId:RawData
2020/10/18 10:14:44 GMT+08:00	[cmdh]Sendcmd cmdh no cache cmd in queue. processed in kafka handler "IOCM.DEVICE.V1.registerRoute"
2020/10/18 10:14:44 GMT+08:00	[cmdh]Sendcmd cmdh send cmd to cig triggered. triggered by kafka topic "IOCM.DEVICE.V1.registerRoute"
2020/10/18 10:14:48 GMT+08:00	[CIG]Datareport cig received message from device. IMEI = huawang20181602987271425, reqMID = 61299, coapToken = [36, -110, 119, -50,
2020/10/18 10:14:48 GMT+08:00	[CIG]Datareport get prptocol interpreter failed. Platform can not find the matched plugin, but platform support to report binaryData witho

图 3-38　平台设备数据

六、业务数据上报和业务消息下发

（一）接收设备上报的数据

设备注册时中国电信物联网开放平台会主动订阅 Binary Application Data 对

象（19/0/0），设备按照协议使用订阅时的 token 来上报业务数据，中国电信物联网开放平台将会根据设备的厂商 ID 和设备型号查找对应的编解码，在解码后会将数据通知到北向应用。设备上报数据示例如表 3-6 所示。

表 3-6　上报数据

操作	Notify（数据上报）
CoAP-Token	Observe token
CoAP-Method	Asynchronous Response
CoAP-Option	Option 1：Observe（6）：2（数据上报） Option 2：Content-Format（12），即为 Observe Accept Option 中设置的数据格式
CoAP-payload	{newValue}：上报的数据值
Success	2.05 Content（with Values）
Failure	

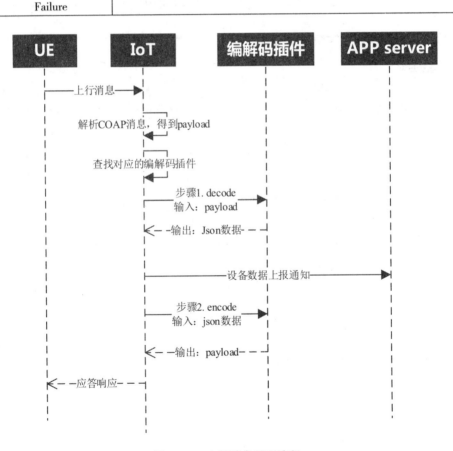

图 3-39　上行消息处理流程

前面已经讲到应用向平台订阅数据上报通知消息。设备上报数据时，平台会把数据推送给应用订阅的地址上。上行消息处理流程如图 3-39 所示。

```
POST
https://10.3.3.5:9999/app/notify
Body:
{

{
 "notifyType" : "deviceDatasChanged" ,
 "requestId" : null,
 "deviceId" : "b8b92cc7-2622-4f27-a24b-041ab26f0b80" ,
 "gatewayId" : "b8b92cc7-2622-4f27-a24b-041ab26f0b80" ,
 "services" : [
   {
   "serviceId" : "Brightness" ,
   "serviceType" : "Brightness" ,
   "data" : { "brightness" : 50},
   "eventTime" : "20170214T170220Z"
  },
   {
   "serviceId" : "Electricity" ,
   "serviceType" : "Electricity" ,
   "data" :    {
   "voltage" : 218.90001,
   "current" : 800,
   "frequency" : 50.1,
   "powerfactor" : 0.98
  },
```

```
       "eventTime" : "20170214T170220Z"
    },
     {
    "serviceId" : "Temperature" ,
    "serviceType" : "Temperature" ,
    "data" : { "temperature" : 25},
    "eventTime" : "20170214T170220Z"
    }
   ]
  }
```

上面消息里的 services 的 Brightness, Electricity 及 Temperature 服务数据就是经过编解码插件解析出来的，其为标准 json 格式的数据，字段和产品设备模型定义的一致。

可以在 SP portal 的设备管理页面里选择"数据"观察设备上报的数据。如图 3-40 所示。

图 3-40　设备上报数据查看

（二）向设备发送消息

1. 下行消息处理流程

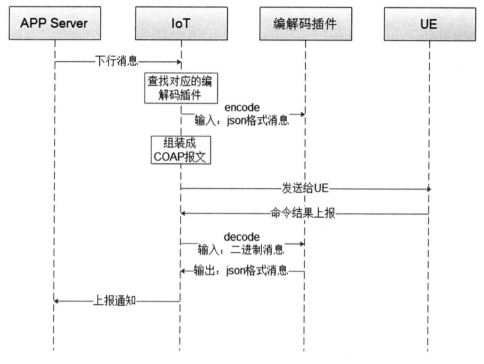

图 3-41　下行消息处理流程

应用向设备发送消息使用"向设备投递命令"接口（详见《中国电信物联网开放平台 API 参考 1.3.1》）。下行消息处理流程如图 3-41 所示。

向设备下发上文模型中对 Temperature 服务设置定义的命令 SET_TEMPERATURE：

POST

https://server:port/iocm/app/cmd/v1.3.0/devices/{deviceId}/commands

app_key: *******

Authorization:Bearer *************

Content-Type:application/json

Body:

```
{
    "command" : {
        "serviceId" : "Temperature" ,// Temperature 服务名
        "method" : " SET_TEMPERATURE ",// Temperature 服务命令名
        "paras" : {
    "value" :30 // 命令参数
  }
    }
 }
```

response：

Status Code: 200 OK

Content-Type: application/json

Body:

```
{
  "requestId" : "de651c90331c4d11ba94b8cef3810efe" ,
  "commandId" : "76553ad00df34a88974fbcefda42d510" ,
  "commandStatus" : "SENT"
}
```

可以在 SP portal 的设备管理页面里选择 "命令" 命令下发的情况，图 3-42 显示该命令已发送。

图 3-42　命令下发状态查看

当设备回一个 ACK（2.04 Changed）命令应答时，命令的状态由"已发送"状态变为"已送达"状态。如图 3-43 所示。

图 3-43　命令已送达

当设备上报命令执行成功结果后，命令状态由"已送达"变为"成功"。

📖 说明

在命令经过平台发送后，在一定时间内，如果设备没有返回 ACK（2.04

163

Changed）命令应答，则命令状态会变成"超时"。

七、命令下发

平台提供两种命令下发机制：

立即下发：平台立即发送收到的命令，如果设备不在线或者设备没收到指令则下发失败。立即下发适合对命令实时性有要求的场景，比如路灯开关灯，燃气表开关阀。使用立即下发时，应用需要自己保证下发的时机。

缓存下发：平台收到命令后放入队列。在设备上线的时候，平台依次下发命令队列中的命令。缓存下发适合对命令实时性要求不高的场景，比如配置水表的参数。缓存下发平台根据设备的省电模式进行不同处理。

NA 向中国电信物联网开放平台下发命令时，携带参数 expireTime（简称TTL，表示最大缓存时间）。如果不带 expireTime，则默认 expireTime 为 48 小时。

expireTime=0：命令立即下发。

expireTime>0：命令缓存下发。

命令包含的状态：取消、发送，已发送，已送达，过期，超时。

（一）命令立即下发

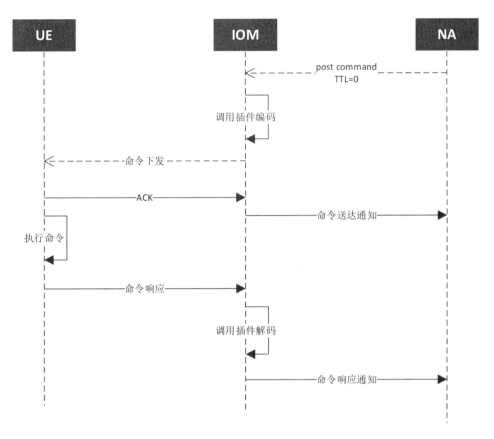

图 3-44　命令下发

命令立即下发处理流程如图 3-44 所示：

步骤 1　NA 调用北向接口立即下发命令，参数 expireTime 传 0 表示立即下发，样例：

Method：POST

request：https://server:port/iocm/app/cmd/v1.3.0/devices/{deviceId}/commands

app_key：{appId}

Authorization:Bearer ************

```
Content-Type:application/json
Body:
{
    "requestId" : "********" ,
    "command" : {
        "serviceId" : "********" ,
        "method" : "********" ,
        "paras" : {
    "paraName1" : "paraValue1" ,
    "paraName2" : "paraValue2"
        }
    },
"callbackUrl" : "http://127.0.0.1/cmd/callbackUrl" ,
" expireTime" : 0
}
```

步骤 2 平台收到后，调用插件编码。Encode 接口输入样例：其中 mid 参数表示平台分配的命令标识

步骤 3 平台将命令下发到设备，消息样例：

```
{
"identifier" :0,
"msgType" :" cloudReq" ,
"serviceId" :" NBWaterMeterCommon" ,
"mid" :2016,
"cmd" :" SET_TEMPERATURE_READ_PERIOD" ,
"paras" :{ "value" :4},
"hasMore" :0
}
```

步骤 4 NB 模组收到命令时，回 COAP 协议的 ACK 消息（注：ACK 消息

对设备应用不可见）

　　步骤 5　平台收到 ACK 后，认为命令送达设备。向 NA 推送送达通知。消息样例：

```
{
  "deviceId" : "6213fa11-68d6-4457-aa98-871a25c152c1",
  "commandId" : "30d188e1-2816-41a4-989f-1797c74b1745",
  "result" : {
    "resultCode" : "DELIVERED",
    "resultDetail" : null
  }
}
```

　　步骤 6　UE 执行命令，如果命令有响应，上报命令响应

　　步骤 7　平台调用插件解码，解码输出样例：其中 mid 参数表示命令标识，应该和 encode 输入的一致

　　步骤 8　平台根据 mid 查找命令，并给 NA 上报命令响应通知，如果没有 mid，那么平台不去匹配命令来更新命令成功或失败的状态，推送给 NA 的 commandID 为 null。命令应答的样例：

```
{
"identifier" :" 123",
"msgType" :" deviceRsp",
"mid" :2016
"errcode" :0,
"body" :{ "result" :0}
}
```

（二）命令缓存下发

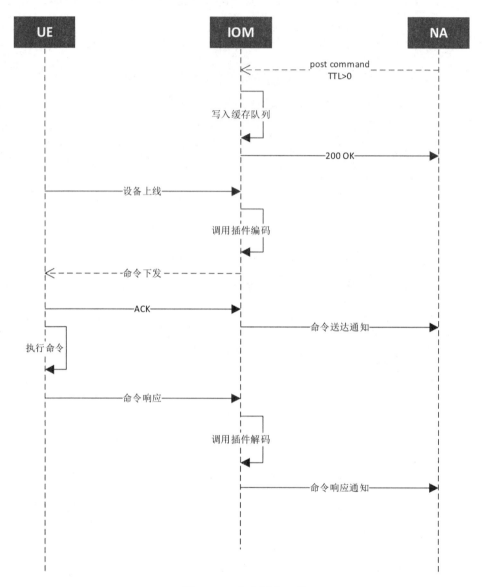

图 3-45　命令缓存下发

命令缓存下发处理流程如图 3-45 所示。

步骤 1　NA 下发命令时，expireTime 传大于 0 的值表示缓存下发，平台把命令写入缓存队列，返回 200 OK。

步骤 2　平台会根据设备省电模式决定何时下发缓存命令：对 PSM 模式设备，平台等待设备上报数据时下发缓存命令；对其他模式设备，则主动发送缓存命令道设备。

步骤 3　平台发送缓存命令时，按照写入队列的先后顺序串行下发，前一个命令送达设备时(即收到 NB 模组发送的 ACK 报文)开始下发后一个缓存命令。

步骤 4　每个缓存命令当前只会发送一次（COAP 协议层会重传 3 次），如果没有收到 ACK，平台认为发送超时。

步骤 5　平台对缓存命令的最大缓存时间有限制，由参数 expireTime 指定。当命令在平台缓存的时间超过 expireTime 时，命令将从缓存队列移除，不再进行发送处理。

步骤 6　缓存命令的其他处理过程和立即命令相同。

八、测试环境测试

（一）测试申请

企业客户首先需要本地测试；本地测试完成后，可以通过"天翼物联产业联盟"公众号申请开放实验室测试。

（二）开放实验室测试

在中国电信物联网开放实验室，中国电信测试人员配合企业客户一起完成测试，并且输出测试报告。

九、生产环境接入

（一）账号申请

当测试平台验证通过后，企业客户可以通过中国电信客户经理提出申请接入中国电信物联网开放平台生产环境。账号申请通过后，企业客户将通过邮件收到账号和初始密码。

（二）生产环境接入

（1）生产环境接入流程与测试环境接入流程和方法基本一致，在此不再详述。

（2）登录生产环境，完成初始密码修改。

（3）创建应用，设置 NB-IoT 参数。

（4）将测试环境定义的设备模型，导入到生产环境。

（5）通过中国电信上传已经在测试环境验证通过后的编解码插件和公钥。

（6）通过 API 和真实终端设备完成设备接入平台。

下面就如何使用实现 NB-IoT 模组链接 NB-IoT 平台，实现数据的上传和下发，并且如何实现订阅。也就是说获取到传感器的数据后，通过 NB-IoT 模块把数据发送到电信的 NB-IoT 平台或者华为的 OceanConnect，然后把消息发送到服务器。实现的过程如下。

十、设备接入与数据上报

（一）通过 SP Portal 在平台上创建"应用"，获得 appid 和 secret

SP Portal 是 OceanConnect 物联网平台呈现给开发者使用的前台界面，可以完成一些基本的应用管理、设备管理（直接添加设备无效）、数据查看、信令查看等功能。

开发者首先需要登录 SP Portal（账户名、密码会随着平台资源一同下发），创建一个"应用"。

这个"应用"可以理解成开发者的北向应用在平台的一个映射。

应用创建完成后，平台会返回 appid 和 secret。开发者需要妥善保存好这两个值。

如图 3-46 所示：直接在 OceanConnect 上创建应用。

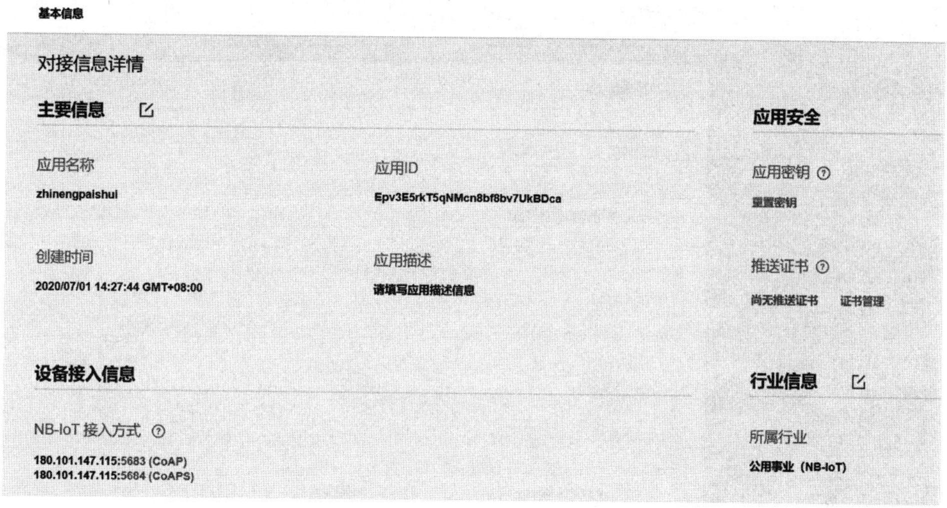

图 3-46　创建

（二）设备 Profile：完成开发，并上传到平台

设备 Profile 文件定义了设备的基本信息和服务能力，只有上传了设备 Profile 文件，才能正确地绑定设备，接收数据，发送信令。

如图 3-47 所示：直接在 OceanConnect 上创建 profile 文件。

图 3-47　创建 profile 文件

（三）北向应用：首先实现鉴权、注册直连设备、修改设备信息

根据华为提供的文档、Lite Demo 示例、图形化 Demo 示例等资源，进行北向应用的开发。

为了南北对接联调，应该首先完成以下 3 个功能接口：鉴权、注册直连设备、设置设备信息。

完成了上述 3 个功能接口后，将可以在平台上创建一个离线设备。

可以通过 SP Portal 查看设备是否创建成功，设备各项信息是否设置完整正确。

如图 3-48 所示，在 SP Portal 上注册设备。

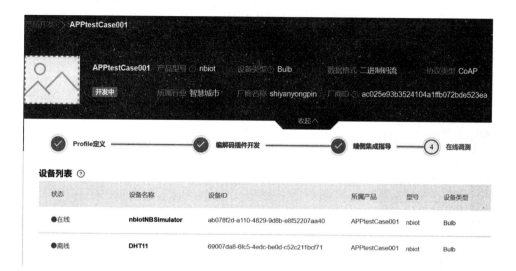

图 3-48　查看信息

（四）编解码器：完成开发，并上传到平台

编解码器要实现 2 个主要接口（解码与编码），承担 4 个任务：

（1）对上报的数据进行解码。

（2）对上报的信令响应进行解码。

（3）对下发的信令进行编码。

（4）对下发的数据响应进行编码。

在 SP Portal 上创建编解码插件，如图 3-49 所示。

173

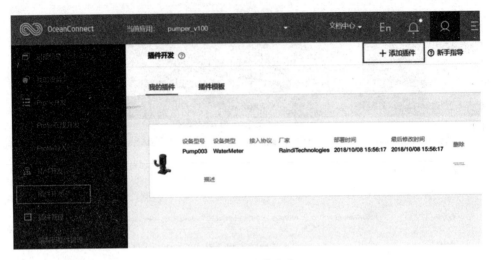

图 3-49　上传平台

（五）南向设备：发起绑定请求

在 SP Portal 上能查看到一个离线设备后，且设备的各项信息完整正确，profile 和对应的编解码插件都已上传，此时可以开始南向设备的绑定操作。

方法一：使用 SoftRadio 进行模拟 NB 模块、基站、NB 核心网，通过图形化界面进行绑定；（详见 SoftRadio 使用指南）

方法二：直接使用 NB 模块（在有 NB 实网的情况下），通过配置平台信息和发送数据，完成设备的绑定。（详见相应模块的 AT 命令手册）

方法三：直接在 SP Portal 使用模拟器进行设备绑定。

设备绑定成功后，可以从 SP Portal 上看到设备状态从未绑定编程已绑定。现在使用方法三进行设备绑定，如图 3-50 所示：选择 NB 设备模拟器，然后选择绑定数据，接着输入设备标识码，就可以完成绑定。

图 3-50 发出绑定请求

（六）南向设备：发送数据

南向设备使用 AT+NMGS 命令，通过串口，向 NB 模块或者 SoftRadio 发送数据。

数据的发送格式务必和编解码插件中的定义匹配。

数据如果发送成功，可以在 SP Portal 的设备 event 一栏看到相关的内容，当没有进行绑定时，发送数据发送成功后在 NB-IoT 平台上的设备状态会由未绑定状变成已绑定状态。

如果 event 内没有内容，则数据上传失败，具体原因需要结合实际情况进行分析。

十一、消息订阅

消息订阅也是 NB-IoT 开发的重要部分，主要是为了获取设备消息，设备改变等，比如设备的消息有更新的时候，在 NB-IOT 就会根据我们订阅的地址用 http 的 post 方式发送到我们订阅的地址。如图 3-51 所示，在 SP Portal 进行消息订阅，这里我填入了我服务器的地址，当有消息变化时候，NB-IOT 平台就会发送数据到这个地址上，我们就可以获取这些数据。

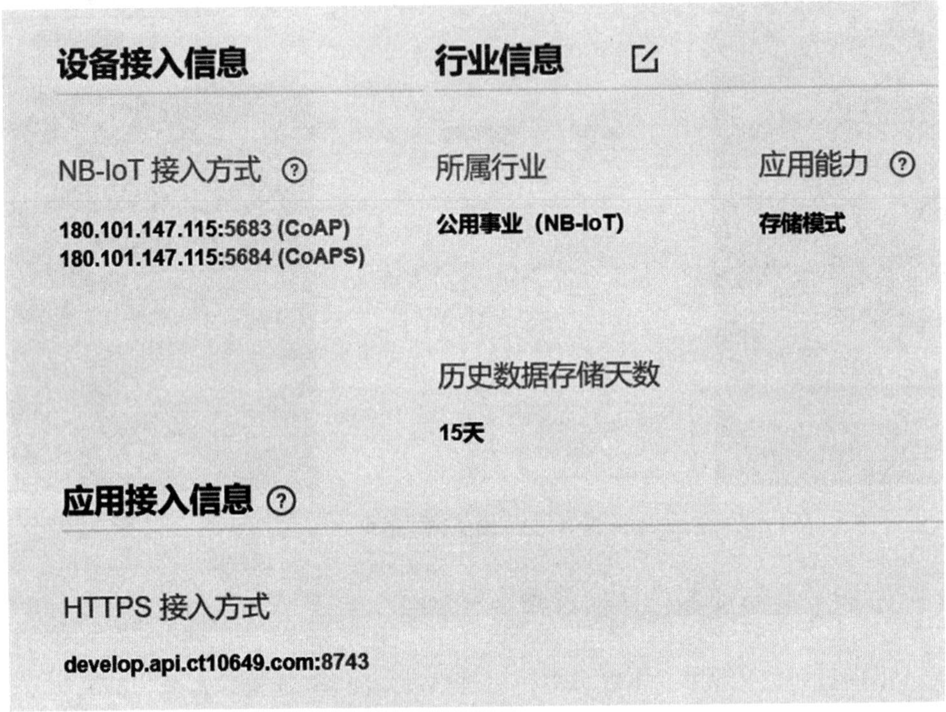

设备接入信息

NB-IoT 接入方式 ⑦

180.101.147.115:5683 (CoAP)
180.101.147.115:5684 (CoAPS)

行业信息 ✍

所属行业   应用能力 ⑦

公用事业（NB-IoT）   存储模式

历史数据存储天数

15天

应用接入信息 ⑦

HTTPS 接入方式

develop.api.ct10649.com:8743

图 3-51　消息订阅

在这里我使用了 Django 搭建了一个服务器，用于测试是否订阅成功（对于 Django 服务器搭建的过程后面再另写一篇）。这时我打开服务器，并发送了一些数据，这时在服务器端可以收到消息，如图 3-52 所示。

(D:\anaconda3) C:\Users\RD007\HelloWorld>python manage.py runserver 0.0.0.0:443
Performing system checks...

System check identified no issues (0 silenced).

You have 15 unapplied migration(s). Your project may not work properly until you
Run 'python manage.py migrate' to apply them.
October 13, 2018 - 09:52:26
Django version 2.1.2, using settings 'HelloWorld.settings'
Starting development server at http://0.0.0.0:443/
Quit the server with CTRL-BREAK.
the POST method:
——
the POST method:
b' {"notifyType":"deviceDataChanged","deviceId":"15f44e12-cc73-4e59-abfb-8f46640c
rviceType":"Pumper","data":{"TargetPressur":0,"CurrentPressur":0,"Power":0,"Stat
":0},"eventTime":"20181013T015201Z"}}'
——

[13/Oct/2018 09:52:42] "POST /?tdsourcetag=s_pcqq_aiomsg HTTP/1.1" 200 18
b' {"notifyType":"deviceDatasChanged","requestId":null,"deviceId":"15f44e12-cc73-
"serviceType":"Pumper","data":{"TargetPressur":0,"CurrentPressur":0,"Power":0,"S
ing":0},"eventTime":"20181013T015201Z"}]}'
——

[13/Oct/2018 09:52:42] "POST /?tdsourcetag=s_pcqq_aiomsg HTTP/1.1" 200 18
the POST method:
——

b' {"notifyType":"deviceInfoChanged","deviceId":"15f44e12-cc73-4e59-abfb-8f46640c
":null,"manufacturerId":null,"manufacturerName":null,"mac":null,"location":null,
Id":null,"status":"ONLINE","statusDetail":"NONE","mute":null,"supportedSecurity"
——

[13/Oct/2018 09:52:42] "POST /?tdsourcetag=s_pcqq_aiomsg HTTP/1.1" 200 18

图 3-52　收到消息

通过以上我们可以看到，当消息变化时，它是以 post 方式发送数据到我们服务器的，这样就完成了消息的订阅。

177

第四章　LoRa技术及应用

LoRa 联盟是一个开放的，非营利性协会，其成员认为现在是物联网的时代。LoRa 联盟是由业界的领导者发起，其使命是规范正在全球部署的低功耗广域网（LPWAN），以促进物联网（IoT）、机器对机器（M2M）以及智慧城市和工业应用。联盟成员通过分享知识和体验用一个开放的全球的标准保证运营商之间的互操作性。

联盟成员来自世界各地的各种类型组织，解决生态系统的各个方面。成员包括多国的电信运营商、设备制造商、系统集成商、传感器生产商、创业型企业和半导体公司。在非洲、亚洲、欧洲、北美地区，联盟成员跨国家和大陆开发、部署和使用，推动物联网的实现。

LoRa 联盟是一个组织，其成员解决一些公司的需求，成员划分成赞助商、贡献者和采用者组。

LoRa 联盟网站：http://www.lora-alliance.org。

LoRaWAN™ 是一个低功耗广域网网络（LPWAN）规范，适用于无线电池供电的设备，针对的是物联网的一些重要需求，如安全双向通信、移动定位服务等。标准提供智能设备间无缝的互操作而无需复杂的本地化安装，让用户、开发者和企业可以灵活快速部署物联网应用。

LoRa 联盟使命是确保开放的 LoRaWAN 规范安全、电信级、低功耗广域网，这将使所有终端设备能够按照预定的方式连接一个 LoRaWAN 网络，并与所有网关产品进行交互操作。认证计划将会提供给最终用户一个保证，他们的专用终端设备可以在任何的 LoRaWAN 网络上操作，这对于使用 LPWAN 进行全球物联网的部署是一个重要的要求。

LoRaWAN 网络结构是一个典型的星型拓扑结构，网关是一个透明的桥接，在终端设备和后台中央网络服务器之间转送讯息。网关通过标准 IP 连接连接到网络服务器，而终端设备使用单跳无线通信到一个或多个网关。所有终端的通信一般都是双向的，但还支持诸如组播操作，可以实现软件升级空中下载或其他大量分发讯息以减少空中通信时间。

终端设备和网关之间的通信以不同的频率通道和数据速率传出去。数据速率的选择在通信距离和通信时间做一个权衡。由于扩频技术，不同数据速率的通信相互不会干扰，并会创建一组"虚拟"通道，增加了网关的容量。LoRaWAN 的数据速率范围从 0.3kbps 到 50kbps。为最大限度地提升电池寿命和网络容量，LoRaWAN 网络服务器通过一个自适应数据速率（ADR）的方案分别为每个终端设备管理数据和 RF 输出。

中兴微电子与美国 Semtech 签署战略合作 推进中国 LoRa 产业发展。中兴微电子与美国 Semtech 公司签署了战略合作协议，双方将在 LoRa 芯片及应用层面进行深入合作，并在智慧城市领域开展网络的建设，促进产业链的发展。期间，中兴微电子与二十余家合作厂商共同建立中国 LoRa 应用合作生态圈。

随着智慧城市的全面部署以及城市智能化、感知与互联的 M-ICT 发展需求，城市越来越多的碎片化终端设备需要低功耗长距离传输的接入网络。以 LoRa 为代表的低功耗、远距离网络技术的出现，有机会打破物联网在互联方面的瓶颈，促进物联网端对端的成本大幅下降，引爆物联网的大规模应用。

Semtech 作为国际 LoRa 联盟的发起者，是高质量模拟和混合信号半导体产品的领先供应商，其芯片在通信、计算机和计算机界面、自动检测设备、工业和其他商业应用中得到广泛采用。LoRa 技术是目前物联网 LPWAN 技术中产业链最为成熟，终端成本，功耗和信号渗透能力最优秀的技术之一。

中兴微电子以及各厂家将围绕 LoRa 技术在各行业应用创新展开工作。积极推动标准进展，制定统一的 LoRa 应用规范。积极打造中国 LoRa 应用的"技术交流平台""方案验证平台""市场合作平台""资源对接平台"和"创新孵化平台"。

作为全球领先的通信设备厂商，中兴通信正在实施 M-ICT 万物移动互联战略，推动信息产业与各产业的跨界、融合。凭借 30 年的通信技术积累，中兴通信正在积极探索开展智慧城市物联网领域的创新应用与产业发展，打造低成本低功耗多业务平台的可运营级物联网，实现城市物联网智能化信息化的创新突破。未来中兴通信将联合更多合作伙伴，构建可持续发展的运营级 LPWAN 城市物联生态圈，实现多方共赢。

CLAA 联盟是在 LoRa Alliance 支持下，由中兴通信发起，各行业物联网应用创新主体广泛参与、合作共建的技术联盟，是一个跨行业、跨部门的全国性组织。其会员由国内外各类有低功耗、广覆盖物联网需求的企事业单位和专业社团组成，加强产业链厂家合作，构建 LoRa 技术应用生态圈。联盟的宗旨是推动 LoRa 产业链在中国的应用和发展，建设多业务共享、低成本、广覆盖、可运营的 LoRa 物联网。联盟口号：合作共赢，建设中国 LoRa 钻石联盟。

第一节　LoRa

LoRa 是"Long Rang"的意思，是一种低功耗长距离无线通信技术，主要面向物联网（IoT）或 M2M 等应用，是低功耗广域网（LPWAN）一种重要的无线技术。

长距离：在密集的城市环境和市内，LoRa 基站或网关具有较强的穿透能力。在空旷郊区连接传感器距离可以达到 15 ～ 30KM，甚至更远。

低成本：LoRa 前期的基础建设和运营成本低，终端节点传感器的成本也低。

标准化：LoRaWAN 保证了应用之间的互操作性，物联网方案提供商和电信运营商可以加速采用和部署。

低功耗：LoRaWAN 协议专门为低功耗而开发，电池寿命可达多年。

LoRa 与其他无线技术的区别，如图 4-1 所示：

无线技术	距离	速率	能耗	铺设成本	通信成本	使用场所
LoRa	超长	慢	低	中	免费	户外传感器
4G/5G	超长	快	高	极高	流量费	通话与上网
WiFi	短	快	极高	低	免费	家庭网络
蓝牙	极短	极端	中	低	免费	手机配件
ZigBee	较短	较慢	低	较低	免费	室内设备

图 4-1　设备连接

LoRaWAN™ 是一种低功耗广域网络（LPWAN）规范，适用于在地区、国家或全球网络中的电池供电的无线设备。LoRaWAN 以物联网的关键要求为目标，如安全的双向通信、移动化和本地化服务。该标准提供智能设备间无缝的互操作性，不需要复杂的本地安装，给用户、开发者、企业以自由，使其在物联网中发挥作用。

LoRaWAN 网络结构通常地布局为一个星型拓扑结构，如图 4-2 所示，其中网关是一个透明桥接，在终端设备和后台中央网络服务器之间转送讯息。网关通过标准 IP 连接连接到网络服务器，而终端设备使用无线通信单跳到一个或多个网关。所有终端节点通信一般都是双向的，但还支持诸如组播操作以实现软件空中升级（OTA）或其他大量信息分发以减少空中通信时间。

终端设备和网关之间的通信以不同频道和数据速率传播。数据速率的选择需要在通信距离和通信时延间做一个权衡。由于扩频技术，不同数据速率的通信相互间不会干扰，并会创建一组"虚拟"通道，增加了网关的容量。LoRaWAN 的数据速率范围从 0.3kbps 到 50kbps。

为最大限度地提升终端设备的电池寿命和整体网络容量，LoRaWAN 网络服务器通过一种自适应数据速率（ADR）的方法分别为每个终端设备和 RF 输出管理数据。

针对物联网的全国范围的网络，如重要的基础设施、保密的个人数据或对安全通信有特殊需求的社会重要功能。这已通过几层的加密解决了。

（1）唯一网络密钥（EU164），保证在网络层上的安全。

（2）唯一应用密钥（EU164），并保证在应用层上端到端的安全。

（3）设备专用密钥（EUI128）。

LoRaWAN 分了几种不同类型的终端设备以解决反映在广泛应用中的不同需求：

（1）双向通信终端设备（A 类）：A 类的终端设备允许双向通信，因此每个终端设备的上行链路传输跟着两个短的下行链路接收窗口。传输时隙由终端设备基于其自身的通信需求安排，根据随机时基有一个小的变化（ALOHA 类型协议）。对于在终端设备发送一个上行链路传输后，仅简短地要求服务器的下行链路通信的应用来说，这种 A 类操作是功耗最低的终端设备的系统。在其他任何时间来自服务器的下行链路通信必须等到下一个调度的上行链路通信。

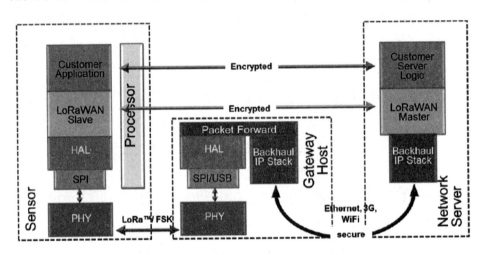

图 4-2　通信方式

（2）具备调度接受时隙的双向通信终端设备（B 类）：除 A 类随机的接收窗口外，B 类设备另外还在调度时打开了接收窗口。为使终端设备打开其接收窗口，在调度时接受网关的一个时间同步信标。这使得服务器知道终端设备什么时候在侦听。

（3）具备最大接受时隙的双向通信终端设备（C 类）：C 类终端设备几乎是连续地打开接收窗口，仅在发送时关闭。

第二节　LoRa 和 LoRaWAN 技术概览

一、简介

LoRaWAN™ 自下而上设计，为电池寿命、容量、距离和成本而优化了 LPWAN。对于不同地区给出了一个 LoRaWAN™ 规范概要，以及在 LPWAN 空间竞争的不同技术的高级比较。

二、LoRa®

LoRa® 是物理层或无线调制用于建立长距离通信链路。许多传统的无线系统使用频移键控（FSK）调制作为物理层，因为它是一种实现低功耗的非常有效的调制。LoRa® 是基于线性调频扩频调制，它保持了像 FSK 调制相同的低功耗特性，但明显地增加了通信距离。线性扩频已在军事和空间通信领域使用了数十年，由于其可以实现长通信距离和干扰的健壮性，但是 LoRa® 是第一个用于商业用途的低成本实现。

LoRa® 的优势在于技术方面的长距离能力。单个网关或基站可以覆盖整个城市或数百平方公里范围。在一个给定的位置，距离在很大程度上取决于环境或障碍物，但 LoRa® 和 LoRaWAN™ 有一个链路预算优于其他任何标准化的通信技术。链路预算，通常用分贝（dB 为单位）表示，是在给定的环境中决定距离的主要因素。下面是部署在比利时是 Proximus 网络覆盖图。随着小量的基础设施建设实施，可以容易地覆盖到整个国家。

三、LoRaWAN

LoRaWAN™ 定义了网络的通信协议和系统架构，如图 4-3 所示，而 LoRa® 物理层能够使长距离通信链路成为可能。协议和网络架构对节点的电池寿命、网络容量、服务质量、安全性、网络的各种应用服务质量等影响最大。

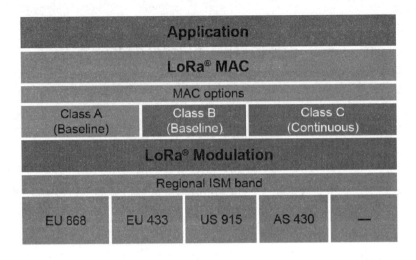

图 4-3　LoRaWAN

（一）网络架构

　　许多现有部署的网络采用了网状网络架构。如图 4-4 所示。在网状网络中，个别终端节点转发其他节点的信息，以增加网络的通信距离和网络区域规模大小。虽然这增加了范围，但也增加了复杂性，降低了网络容量，并降低了电池寿命，因节点接受和转发来自其他节点的可能与其不相关的信息。当实现长距离连接时，长距离星型架构最有意义的是保护了电池寿命。

　　在 LoRaWAN™ 网络中，节点与专用网关不相关联。相反，一个节点传输的数据通常是由多个网关收到。每个网关将从终端节点接所接受到的数据包通过一些回程（蜂窝、以太网、卫星或 Wi-Fi）转发到基于云计算的网络服务器。智能化和复杂性放到了服务器上，服务器管理网络和过滤冗余的接收到的数据，执行安全检查，通过最优的网关进行调度确认，并执行自适应数据速率等。如果一个节点是移动的或正在移动，不需要从网关到网关切换，这是一个重要的功能，可以应用于资产跟踪——物联网一个主要的目标垂直应用。

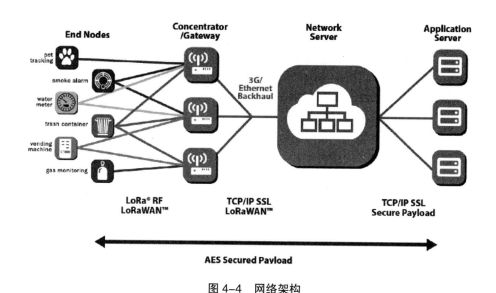

图 4-4　网络架构

（二）电池寿命

在 LoRaWAN™ 网络中的节点是异步的通信的，当其要发送的数据准备好的时候通信，无论是事件驱动还是时间调度。这种类型的协议通常称为 Aloha 方法。在网状网络或同步网络，如蜂窝，节点必须经常唤醒以同步网络，并检查消息。这个同步明显消耗能量，是减少电池寿命第一推手。在最近一项研究中，GSMA 对不同解决 LPWAN 空间的技术进行了比较，LoRaWAN™ 比其他技术选择有 3 ～ 5 倍的优势。如图 4-5 所示。

（三）网络容量

为了使远距离星型网络能够实现，网关必须具有非常高的容量或性能，从大量的节点接收消息。高网络容量利用自适应的数据速率和网关中的多通道多调制收发器实现，因此可以在多信道上同时接受消息。影响容量的关键因素是并发通道数、数据速率（空中时间）、负载长度以及节点如何经常发送数据。因为 LoRa® 是基于扩频调制，当使用不同扩频因子时，信号实际上是彼此正交。当扩频因子的发生变化，有效的数据速率也会发生变化。网关利用了这个特性，能够在同一时间相同信道上接受多个不同的数据速率。如果一个节点有一个好的连接并靠近网关，它没有理由总是使用最低的数据速率，填满可用的频谱比它需要的时间更长。数据传输速率越高，在空气中的时间就越短，可以为其他要传送数据的节点开放更多的潜在空间。自适应数据速率也优化了节点的电池寿命。为使自适应的数据速率工作，对称的上行链路和下行链路要求有足够的下行链路容量。这些特点使得 LoRaWAN™ 有非常高的容量，网络更具有可扩展性。用最少的基础设施可以部署网络，当需要容量时，可以添加更多网关，变换数据速率，减少串音次数，可扩展 6 ～ 8 倍网络容量。其他 LPWAN 技术没有 LoRaWAN™ 的可扩展性，缘于技术上的权衡，其限制了下行链路的容量，使下行链路距离与上行链路距离不对称。

设备类—并非所有节点都相同。

终端设备服务不同的应用，有不同的要求。为优化各种终端应用规范，LoRaWAN™ 使用了不同的设备类别。设备类别权衡了网络下行通信延迟与电池寿命。在控制或执行器类型应用中，下行链路通信延迟是一个重要因素。

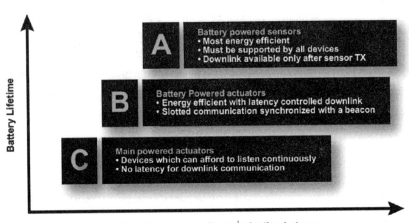

图 4-5　下行网络通信

双向终端设备（A 类）：A 类的终端设备允许双向通信，因此每个终端设备的上行链路传输跟随两个短的下行链路接收窗口。传输时隙由终端设备调度，基于其自身的通信需求并有一个基于随机时基的微小变化（ALOHA 类型协议）。

对于在终端设备已发送一个上行链路传输后，仅需要从服务器下行链路简短地通信的应用来说，这种 A 类操作是最低功耗的终端系统。在任何其他时间从服务器下行链路通信必须等下一个调度的上行链路。

具备调度接受时隙的双向终端设备（B 类）：除 A 类随机接收窗口外，B 类设备在调度时间上打开了额外的接收窗口。为使终端设备在调度时间上打开其接收窗口接受网关同步信标一次。这允许服务器知道什么时候终端设备在侦听。

具备最大接收时隙的双向终端设备（C 类）：C 类终端设备几乎是连续地打开接收窗口，仅在发送时关闭。

（四）接收窗口

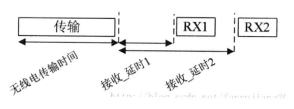

图 4-6　接收窗口

1. 第一接收窗口的信道，数据速率和启动

第一接收窗口 RX1 使用的频率和上行频率有关，使用的速率和上行速率有关。图 4-6 中 RX1 是在上行调制结束后的 RECEIVE_DELAY1 秒打开。上行和 RX1 时隙下行速率的关系是按区域规定，详细描述在 [LoRaWAN 地区参数] 文件中。默认第一窗口的速率是和最后一次上行的速率相同。

2. 第二接收窗口的信道，数据速率和启动

第二接收窗口 RX2 使用一个固定可配置的频率和数据速率，在上行调制结束后的 RECEIVE_DELAY2 秒打开。频率和数据速率可以通过 MAC 命令设置。默认的频率和速率是按区域规定，详细描述在 [LoRaWAN 地区参数] 文件中。

3. 接收窗口的持续时间

接收窗口的长度至少要让终端射频收发器有足够的时间来检测到下行的前导码。

4. 接收方在接收窗口期间的处理

如果在任何一个接收窗口中检测到前导码，射频收发器需要继续激活，直到整个下行帧都解调完毕。如果在第一接收窗口检测到数据帧，且这个数据帧的地址和 MIC 校验通过确认是给这个终端，那终端就不必开启第二个接收窗口。

5. 网络发送消息给终端

如果网络想要发一个下行消息给终端，它会精确地在两个接收窗口的起始点发起传输。

6. 接收窗口的重要事项

终端在第一或第二接收窗口收到下行消息后，或者在第二接收窗口阶段，不能再发起另一个上行消息。

（五）数据帧格式

如图 4-7 所示为数据帧格式的类型。

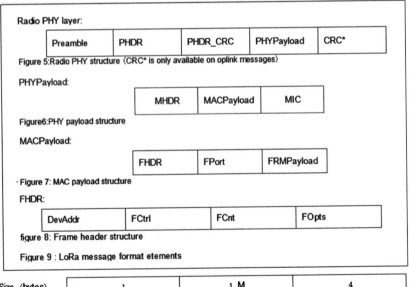

图 4-7　数据帧格式

MHDR 为一个字节，通过位的组合来表示包的类型，其中有 MType 字段的内容和介绍，如图 4-8 和图 4-9 所示：

第几位(Bit)	7..5	4..2	1..0
MHDR	MType	RFU	Major
	表示消息类型		LoRaWAN主版本号

MType	说明	备注
000	Join Request	请求入网，无线激活过程使用
001	Join Accept	同意入网，无线激活过程使用
010	Unconfirmed Data Up	无需确认的上行消息，接收者不必回复
011	Unconfirmed Data Down	无需确认的下行消息，接收者不必回复
100	Confirmed Data Up	需要确认的上行消息，接收者必须回复
101	Confirmed Data Down	需要确认的下行消息，接收者必须回复
110	RFU	保留
111	Proprietary	用来实现自定义格式的消息，交互的设备之间必须有相同的处理逻辑，不能和标准消息互通

Major bits	说明
00	LoRaWAN R1
01..11	保留（RFU）

图 4-8 数据字节

PHY载荷：

MHDR	MACPayload	MIC

或者

MHDR	Join-Request	MIC

或者

MHDR	Join-Response	MIC

Size(bytes)	8	8	2
Join Request	AppEUL	DevEUL	DevNonce

Size(bytes)	3	3	4	1	1	(16) Optional
Join Accept	AppNonce	NetID	DevAddr	DLSettings	RxDelay	

图 4-9　数据内容

MHDR 为 0x00 就是入网申请包，0x20 就是入网成功的下行确认包。通过分析 MHDR 中的第 5 位到第 7 位，就能确定数据包的类型。

（六）终端入网

为了加入 LoRaWAN 网络，每个终端需要初始化及激活。

终端的激活有两种方式，一种是空中激活 Over-The-Air Activation（OTAA），当设备部署和重置时使用；另一种是独立激活 Activation By Personalization（ABP），此时初始化和激活这两步就在一个步骤内完成。

OTAA 方式激活：

1. 应用 ID（AppEUI）

AppEUI 是一个类似 IEEE EUI64 的全球唯一 ID，标识终端的应用提供者。

APPEUI 在激活流程开始前就存储在终端中。

2. 终端 ID（DevEUI）

DevEUI 是一个类似 IEEE EUI64 的全球唯一 ID，标识唯一的终端设备。

3. 应用密钥（AppKey）

AppKey 是由应用程序拥有者分配给终端，很可能是由应用程序指定的根密钥来衍生的，并且受提供者控制。当终端通过空中激活方式加入网络，AppKey 用来产生会话密钥 NwkSKey 和 AppSKey，会话密钥分别用来加密和校验网络层和应用层数据。DevNonce 2 字节的随机数，用于生成随机的 AppSKey 和 NwkSKey。激活后，终端会存储如下信息：设备地址（DevAddr），应用 ID（AppEUI），网络会话密钥（NwkSKey），应用会话密钥（AppSKey）。

NwkSKey 被终端和网络服务器用来计算和校验所有消息的 MIC，以保证数据完整性。也用来对单独 MAC 的数据消息载荷进行加解密。

AppSKey 被终端和网络服务器用来对应用层消息进行加解密。当应用层消息载荷有 MIC 时，也可以用来计算和校验该应用层 MIC。

（七）收发数据帧

收发数据帧格式如图 4-10 所示。

MACPayload:

FHDR	FPot	FRMPayload

Size(bytes)	4	1	2	0..15
FHDR	DevAddr	FCtrl	FCut	FOpts

For downlink frames the FCtrl content of the frame header is:

Bit#	7	6	5	4	3..0
FCtrl bits	ADR	RFU	ACK	FPending	FOptsLen

Bit#	7	6	5	4	3..0
FRtrl bits	ADR	ADRACKRep	ACK	RFU	ROptsLen

图 4-10 收发数据帧

1. 帧头中自适应数据速率的控制（ADR, ADRACKReq in FCtrl）

LoRa 网络允许终端采用任何可能的数据速率。LoRaWAN 协议利用该特性来优化固定终端的数据速率。这就是自适应数据速率（Adaptive Data Rate（ADR））。当这个使能时，网络会优化使得尽可能使用最快的数据速率。

如果 ADR 的位字段有置位，网络就会通过相应的 MAC 命令来控制终端设备的数据速率。如果 ADR 位没设置，网络则无视终端的接收信号强度，不再控制终端设备的数据速率。ADR 位可以根据需要通过终端及网络来设置或取消。不管怎样，ADR 机制都应该尽可能使能，帮助终端延长电池寿命和扩大网络容量。

如果终端被网络优化过的数据速率高于自己默认的数据速率，它需要定期检查下网络仍能收到上行的数据。每次上行帧计数都会累加（是针对每个新的上行包，重传包就不再增加计数），终端增加 ADR_ACK_CNT 计数。如果直到 ADR_ACK_LIMIT 次上行（ADR_ACK_CNT >= ADR_ACK_LIMIT）都没有收到下行回复，它就得置高 ADR 应答请求位（ADRACKReq）。网络必须在规定时间内回复一个下行帧，这个时间是通过 ADR_ACK_DELAY 来设置，上行之后收到任何下行帧就要把 ADR_ACK_CNT 的计数重置。当终端在接收时隙中的任何回复下行帧的 ACK 位字段不需要设置，表示网关仍在接收这个设备的上行帧。如果在下一个 ADR_ACK_DELAY 上行时间内都没收到回复（例如，在总时间 ADR_ACK_LIMIT+ADR_ACK_DELAY 之后），终端必须切换到下一个更低速率，使得能够获得更远传输距离来重连网络。终端如果在每次 ADR_ACK_LIMIT 到了之后依旧连接不上，就需要每次逐步降低数据速率。如果终端用它的默认数据速率，那就不需要置位 ADRACKReq，因为无法帮助提高链路距离。

2. 消息应答位及应答流程（ACK in FCtrl）

收到 confirmed 类型的消息时，接收端要回复一条应答消息（应答位 ACK 要进行置位）。如果发送者是终端，网络就利用终端发送操作后打开的两个接收窗口之一进行回复。如果发送者是网关，终端就自行决定是否发送应答。

应答消息只会在收到消息后回复发送，并且不重发。

3. 帧挂起位（FPending in FCtrl）只在下行有效

帧挂起位（FPending）只在下行交互中使用，表示网关还有挂起数据等待下发，需要终端尽快发送上行消息来再打开一个接收窗口。

每个终端有两个计数器跟踪数据帧的个数，一个是上行链路计数器（FCntUp），由终端在每次上行数据给网络服务器时累加；另一个是下行链路计数器（FCntDown），由服务器在每次下行数据给终端时累计。网络服务器为每个终端跟踪上行帧计数及产生下行帧计数。终端入网成功后，终端和服务端的上下行帧计数同时置0。每次发送消息后，发送端与之对应的 FCntUp 或 FCntDown 就会加1。接收方会同步保存接收数据的帧计数，对比收到的计数值和当前保存的值，如果两者相差小于 MAX_FCNT_GAP（要考虑计数器滚动），接收方就按接收的帧计数更新对应值。如果两者相差大于 MAX_FCNY_GAP 就说明中间丢失了很多数据，这条以及后面的数据就被丢掉。

4. 帧可选项（FOptsLen in FCtrl, FOpts）

FCtrl 字节中的 FOptsLen 位字段描述了整个帧可选项（FOpts）的字段长度。FOpts 字段存放 MAC 命令，最长15字节。

如果 FOptsLen 为0，则 FOpts 为空。在 FOptsLen 非0时，则反之。如果 MAC 命令在 FOpts 字段中体现，port0 不能用（FPort 要么不体现，要么非0）。

MAC 命令不能同时出现在 FRMPayload 和 FOpts 中，如果出现了，设备丢掉该组数据。

（八）端口字段 (FPort)

如果帧载荷字段不为空，端口字段必须体现出来。端口字段有体现时，若 FPort 的值为0表示 FRMPayload 只包含了 MAC 命令；FPort 的数值从1到223（0x01..0xDF）都是由应用层使用。FPort 的值从224到255（0xE0..0xFF）是保留用做未来的标准应用拓展。

（九）MAC 指令

中国境内默认设置频率为470～510MHz，具体的 MAC 指令表如图4-11

所示：

CID	命令	由谁发送		描述
		终端	网关	
0x02	LinkCheckReq	X		终端利用这个命令来判断网络质量
0x02	LinkCheckAns		X	LinkCheckReq 的回复，包含接收信号强度，告知终端接收质量
0x03	LinkADRReq		X	向终端请求改变数据速率，发射功率、重传率以及信道
0x03	LinkADRAns	X		LinkADRReq 的回复
0x04	DutyCycleReq		X	向终端设置发送的最大占空比
0x04	DutyCycleAns	X		DutyCycleReq 的回复
0x05	RXParamSetupReq		X	向终端设置接收时隙参数
0x05	RXParamSetupAns	X		RXParamSetupReq 的回复
0x06	DevStatusReq		X	向终端查询其状态
0x06	DevStatusAns	X		返回终端设备的状态，即电池余量和链路解调预算
0x07	NewChannelReq		X	创建或修改 1 个射频信道定义
0x07	NewChannelAns	X		NewChannelReq 的回复
0x08	RXTimingSetupReq		X	设置接收时隙的时间
0x08	RXTimingSetupAns	X		RXTimingSetupReq 的回复
0x08 ~0xFF	私有	X	X	给私有网络命令拓展做预留

图 4-11　MAC 指令

中国频率在 470～510MHz 频段内对以下参数提供了一些推荐值。如图 4-12 所示。

RX1DROffset	0	1	2	3	4	5
Upstream data rate	Downstream data rate in Rx1 slot					
DR0	DR0	DR0	DR0	DR0	DR0	DR0
DR1	DR1	DR0	DR0	DR0	DR0	DR0
DR2	DR2	DR1	DR0	DR0	DR0	DR0
DR3	DR3	DR2	DR1	DR0	DR0	DR0
DR4	DR4	DR3	DR2	DR1	DR0	DR0
DR%	DR5	DR4	DR3	DR2	DR1	DR0

图 4-12　频段值

（十）程序异常重传

程序异常重传如下几种情况所示：

（1）确认数据报文上行时序图如图 4-13 所示。

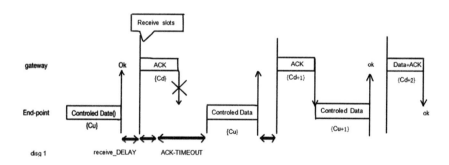

图 4-13　上行时序

（2）帧挂起消息的下行定时，如下图 4-14 所示的三个例子。

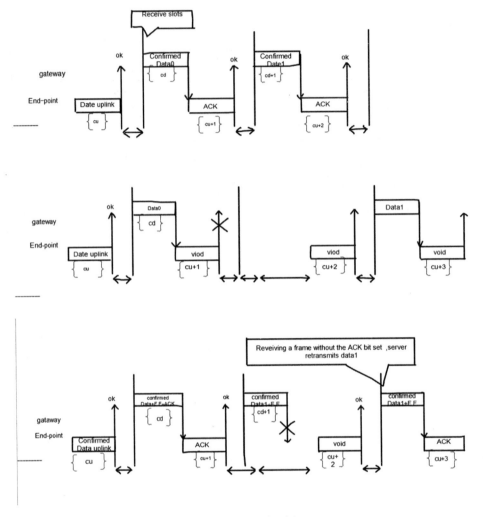

图 4-14　下行时序

（3）消息重传期间的数据速率自适应。

当终端设备尝试向网络发送"确认"帧时，它期望在随后的一个接收时隙中接收确认。在没有确认的情况下，它将再次尝试重新传输相同的数据。这种重新传输发生在一个新的频率信道上，但也可以发生在不同的数据速率（最好是更低的）下。强烈建议采用如图 4-15 所示重新传输策略。

"确认"帧的第一次传输发生在数据速率 DR。

DataRate	Configuration	Indicative Physical bit Rate [bit/sect]
0	LoRa:SF12/125kHz	250
1	LoRa:SF11/125kHz	440
2	LoRa:SF10/125kHz	980
3	LoRa:SF9/125kHz	1760
4	LoRa:SF8/125kHz	3125
5	LoRa:SF7/125kHz	5470
6:15	RFU	

TXPower	Configration
0	17 dBm
1	16 dBm
2	14 dBm
3	12 dBm
4	10 dBm
5	7 dBm
6	5 dBm
7	2 dBm
8..15	RFU

Transimission nb	Data Rate
1(first)	DR
2	DR
3	max(DR-1,0)
4	max(DR-1,0)
5	max(DR-2,0)
6	max(DR-2,0)
7	max(DR-3,0)
8	max(DR-3,0)

图 4-15　确认帧

终端对掉网的判断：由于网络没有广播信道，因此终端对掉网的判断条件就是多次发包不成功。

（1）当采用确认帧发送时，多次发送数据失败，认为网络掉网，需要重新发起网络注册流程；目前认为掉网的条件是通过 SF12 在各信道发包一次均不成功。

（2）如果发送失败，功率如果是非最大功率，需要先将功率调到最大功率。

（3）如果发送失败，且功率也是最大功率，则每失败 2 次则调低 1 级速率。

（4）如果速率已经调到最低，且在各信道发包 1 次均失败，则认为掉网。

（5）当采用非确认帧发送时，需要通过 ADRACKReq 机制来判断是否掉网。

（十一）CLAA 修改

1.CLAA 模式

CLAAModeA：CLAA 定义的基站工作模式，上下行同频，482 ～ 500M。

CLAAModeB：CLAA 定义的基站工作模式，上下行同频，470 ～ 490M。

CLAAModeC：CLAA 定义的基站工作模式，上下行同频，490 ～ 510M。

CLAAModeD：CLAA 定义的基站工作模式，上下行异频，上行 480 ～ 490M，下行 500 ～ 506M。

CLAAModeE：CLAA 定义的基站工作模式，上下行异频，上行 470 ～ 480M，下行 490 ～ 496M。

当终端具有多种工作信道模式时，各模式缺省优先级如下：CLAAModeD > CLAAModeB > CLAAModeE > CLAAModeC > CLAAModeA；终端按照优先级依次找网；当网络注册成功后，当前工作信道模式提升为最高优先级，后续掉网后优先采用该工作信道模式来找网，如果找网失败，再继续降级工作信道模式，重新找。

2.CLAA 信道设置

中国境内为 470 ～ 510MHz 的信道频率如图 4-16 所示。在中国，无线电管理局 SRRC 规定了这个频段用于民用表计应用。

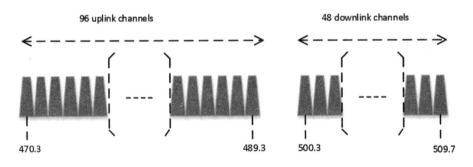

图 4-16　信道设置

470 频段需要按照如下信道规划进行部署：

上行：从 0 到 95 共 96 个信道，带宽为 125kHz，速率从 DR0 到 DR5，使用编码率 4/5，从 470.3MHz 按 200kHz 递增到 489.3kHz

下行：从 0 到 47 共 48 个信道，带宽为 125KHz，速率从 DR0 到 DR5，使用编码率 4/5，从 500.3MHz 按 200kHz 递增到 509.7kHz。

CLAAModeD 采用收发异频方式，收发信道均采用 125kHz 带宽。

480 ~ 490M 定义为上行频段，共定义了 48 个 125kHz 信道，中心频点分别为 480.3 ~ 489.7M；信道编码为 0 ~ 47。

500 ~ 506M 定义为下行频段，共定义了 30 个 125kHz 信道，中心频点分别为 500.1 ~ 505.9M；信道编码为 0 ~ 29；其中 0 ~ 23 个信道作为 ClassA 模式的下行数据发送信道，24 ~ 29 信道作为 ClassB/C 模式的数据发送信道。

这 48 个信道分为 5 组,每组 2M,前 4 组有 10 个信道,最后 1 组有 8 个信道,每组中有 1 个为缺省信道。

对于 RX2 的缺省信道，选择 12 信道，502.5MHz。

对于 RX1 的下行信道确定，采用上行信道取余数方法：

下行信道号 = 上行信道号 Mode 24。

（十二）安全

加入安全对于任何的 LPWAN 来说是极其重要的。 LoRaWAN™ 使用了两层安全：一个是网络层安全；另一个是应用层安全。网络安全保证了网络节点的可靠性，而应用层的安全性确保了网络运营商不能访问终端用户的应用数据。密钥交换使用了 AES 加密的 IEEE EUI64 标识符。每种技术选择都会有所所权衡，但 LoRaWAN™ 在网络架构中的特性，设备类别，安全性，容量可扩展性以及为移动优化满足了各种各样的潜在的物联网应用。

四、4 LoRaWAN 的理想案例和注意事项

LoRaWAN 的在了解 LoRaWAN 及其案例和缺点之前，了解一下它的历史非常重要。LoRaWAN（当时称为 LoRaMAC）由 Semtech 与 IBM 合作开发。协议设计时的设想是：

（1）供移动运营商网络使用。

（2）在单一协议网络中。

（3）在 868 MHz 频率免许可频段。

这三个设想非常重要，因为在这个三个设想的基础上最终的协议具有：

（1）1% 占空比限制（适用于所有发射器和网关）。

（2）常用频道图。

（3）MAC（第 2 层）仅在云中处理。

特别是，为了支持网关的 1% 占空比限制，需要进行许多权衡：

（1）几乎所有上行链路消息都是未确认的。

（2）范围内的所有网关都可以看到所有上行流量。

（3）使用静态密钥处理所有加密。

由于所有上行链路消息都是未确认和不协调的，因此 LoRaWAN 被认为是"纯粹的 aloha"方案。这样的网络具有大约 18% 的效率。这意味着当 LoRaWAN 网络被充分利用时，82% 的数据包会丢失。由于大多数消息未被确认，因此终端节点不知道其消息被遗漏。为了防止这种情况，一些用户可能更频繁地传输，从而使问题复杂化。

如果将确认添加到此系统，则效率会更高。这是因为无论何时基站正在发送，它都无法收听。终端节点不知道网关无法听到它们。由于网关只能传输 1% 的时间，因此只会导致大约 1.65% 的额外数据包丢失。

此外，如果其他人正在使用 LoRaWAN 网络，则他们的所有流量也会计入您的容量。这是因为所有网关都调谐到相同的公共频率。

LoRaWAN 的另一个重要考虑因素是近 / 远问题。由于 LoRa 仅具有 20–30dB 的同信道动态范围，因此靠近网关的节点淹没了远离的节点。这在大型 MNO 网络中不太受关注，因为理想情况下，几个网关在范围内。

总而言之，LoRaWAN 的理想案例应该具备以下特点：

（1）需要不经常传输的简单传感器。

（2）能够接受 5% ～ 85% 的数据损失。

（3）控制此设备的能力很小。

（4）无法通过空中更新设备固件。

（5）部署的节点数量在几十到几百个。

（6）可以部署多个网关来覆盖每个节点。

自动抄表是 LoRaWAN 良好用例的一个很好的例子。对于更新读数的仪表，比如每小时一次，如果错过了一些读数并不重要，只要有些读数通过即可。

稳恒的 lora 模块 WH-L101-L-P 解决了这些问题：

（1）成帧：网关每2秒发送一个帧头，其中包含有关哪些上行链路信道可用以及上行链路窗口何时打开的信息。

（2）压缩确认：在 WH-L101-L-P 链路中，默认情况下，所有上行链路消息都被确认。为实现此目的，所有确认被混合在一起形成一个压缩消息，所有节点（刚刚传输的）都接收到该消息。

（3）可变上行链路 / 下行链路时隙：网关根据排队的下行链路流量决定需要传输多长时间。它告诉节点下行链路窗口何时完成，以便节点在网关没有收听时永远不会发送。

（4）上行链路时隙：由于同步成帧，上行链路窗口开槽，增加了大约100%的容量。通过在每次传输之前添加可变 CSMA 窗口来进一步增加这一点。

（5）可变功率和扩频因子：终端节点接收网关成帧消息的 RSSI，并动态调整其功率和扩频因子以匹配链路加上可选择的余量因子。这可以最大化容量，减少快速衰落，并防止上面提到的近 / 远问题。

（6）服务质量：节点向网关注册 QOS 因子（0–15），这限制了它们在每个帧中访问信道的能力。它还为网关提供了一种在拥塞时限制上行链路的方法。

（7）多播：通过将节点组分配到多播组，控制和文件流所需的下行链路数量是有限的。

（8）固定256字节 MTU：12字节对于大多数应用来说太小了。WH-L101-L-P 提供固定的256字节 MTU，并处理所有子分组化（通过 SF）并在 MAC 层重试。

（9）无线固件：由于 WH-L101-L-P 中强大的组播功能，固件文件可以蒸发到节点。

（10）基于 PKI 的会话 AES 密钥：WH-L101-L-P 不使用固定密钥加密。每个节点使用 Diffie-Helmann 建立安全的 AES 会话，其中节点公钥由服务器提供。

这在业界是众所周知的最安全的信道加密方案。

五、LoRaWAN ™

LoRaWAN ™ 规范根据不同的地区频谱分配和监管要求而略有不同。欧洲和北美已制定了 LoRaWAN ™ 规范，但其他区域仍在由技术委员会制定中。如图 4-17 加入 LoRa® 联盟作为贡献者成员并参与技术委员会，对以亚洲市场解决方案为目标的公司有明显的优势。

	Europe	North America	China	Korea	Japan	India
frequency band	867-869MHz	902-928MHz	470-510MHz	920-925MHz	920-925MHz	865-867MHz
channnls	10	64+8+8				
Channel BW up	125/250kHz	125/500kHz				
Channel BW Dn	125kHz	500kHz				
TX Power Up	+14dBm	+20dBm typ (+30dBm allowed)	In definition by Technical Committe	In definition by Technical Committe	In definition by Technical Committe	In definition by Technical Committe
TX Power Dn	+14dBm	+27dBm				
SF up	7-12	7-10				
Data rate	250bps-50kbps	980bps-21.9kpbs				
Link Budget up	155dB	154dB				
Link Budget Dn	155dB					

图 4-17 LoRaWAN

（一）欧洲 LoRaWAN ™

LoRaWAN™ 定义了 10 个信道，其中 8 个是从 250bps 到 5.5bps 的多数据速率信道，一个以 11kbps 高数据速率 LoRa® 信道，一个以 50kbps 的 FSK 信道。欧洲 ETSI 允许的最大的输出功率是 +14dBM，除 G3 频段允许 +27dBm 之外。根据 ETSI 规定有占空比限制，但没有最大传输或信道停留时间限制。

（二）北美 LoRaWAN ™

北美 ISM 频段是 902 ～ 928MHz。LoRaWAN™ 定义了 64，125kHz 的上行链路信道以 200kHz 增量从 902.3 到 914.9MHz。还有另外 8 个 500kHz 的上行链路信道，以 1.6MHz 的增量从 903MHz 到 914.9MHz。8 个下行链路信道是

500kHz 宽，从 923.3MHz 开始到 927.5MHz。北美 902 ～ 928MHz 频段最大输出功率是 +30dBm，但对于大多数设备 +20dBm 就足够了。根据 FCC 规定没有占空比限制，但每个信道有 400ms 最大停留时间限制。

大多数人都熟悉 FCC 的跳频要求，在 ISM 频段需要使用大于 50 个相等的信道。LoRaWAN™ 定义了超过 50 个信道以便利用可用频谱，允许最大输出功率。

LoRa® 调制作为一种数字调制技术，因此不必遵循在混合模式的操作下由 FCC 指定的所有跳频要求。在混合模式下，最大输出功率被限制到 +21dBm，在混合模式下仅使用 64 上行链路信道中的 8 个信道的部分子集。

（三）来自于 FCC

"在同一载波同一时间上，混合系统使用数字调制和跳频两种技术。如章节 15.247（f）中图示，当跳频功能关闭时，混合系统在任何的 3kHz 频段必须遵守 8dBm 的功率密度标准。当跳频功能打开时，传输也必须遵守 0.4 秒 / 信道最大驻留时间。这种类型的混合系统没有规定遵循通常与一个 DTS 传输相关联的 500kHz 最小带宽的要求。 还有，与这种类型的混合系统相关联的跳频信道的最小数没有规定。

六、比较

在物联网领域有许多从技术比较同时也从商务模式前景角度比较 LPWAN 选型的活动。现在 LPWAN 网络正在部署，因为有强大的商业案例可以支持立即部署，在免授权频段部署网络的成本需要甚者比 3G 软件升级更少的资金。要比较不同的 LPWAN 技术，应回答的问题是：

（1）针对各种大型应用的灵活性。

（2）通信协议是安全的吗？

（3）技术方面 — 距离、容量、双向通信、干扰的鲁棒性。

（4）网络部署成本，终端节点 BOM 的成本、电池的成本（BOM 最大的贡献者）。

（5）解决方案提供商的生态系统提供灵活的商业模式。

（6）可用的终端产品确保网络部署的投资回报率（ROI）。

（7）生态系统的优势确保质量和解决方案的寿命。

在物联网技术快速发展的今天，NB-IoT、LoRa、Sigfox 等技术名词经常进入我们的视野中，对于刚刚接触物联网领域的人来说，在一大堆名词面前可能会混淆。如图 4-18 所示即为不同物联网技术的区别。

Feature	LoRawan	Narrow-Band	LTE Cat-1 2016(Rel12)	LTE Cat-M 2018(Rel13)	NB-LTE 2019(Rel13+)
Modulation	SS Chirp	UNB/GFSK/BPSK	OFDMA	OFDMA	OFDMA
Rx bandwidth	500-125 KHz	100HZ	20 MHZ	20-1.4 MHz	
Data Rate	290bps-50Kbps	100 bit/sec 12/8 bytes Max	10 Mbit/sec	200kbps-1Mbps	`20k bit/sec
Max.#Msgs/day	Unlimited	UL:140 msgs/day	Unlimited	Unlimited	Unlimited
Max Output Power	20 dBm	20 dBm	23-46 dBm	23/30 dBm	20 dB
Link Budget	154 dB	151 db	130 dBm	146 dB	150 dB
Batery lifetime-2000mAh	105 months	90 months		18 months	
Power Efficiency	Very High	Very High	Low	Medium	Med high
Interference immunity	Very high	Low	Medium	Medium	Low
Coexistence	Yes	No	Yes	Yes	No
Security	Yes	No	Yes	Yes	Yes
Mobilty/localization	Yes	Limited monbility, No loc	Mobility	Mobility	Limited monbility, No loc

图 4-18　比较

面对类似于 LoRa 和 LoRaWAN 这样容易混淆的名词，其实只要系统梳理一下就可以发现其中的区别。今天我们就来看看 LoRaWAN 与 LoRa 两者的区别如图 4-19、4-20 所示：

图 4-19　区别

总体而言，LoRa 仅包含链路层协议，并且非常适用于节点间的 P2P 通信；同时，LoRa 模块也比 LoRaWAN 便宜一点。LoRaWAN 也包含网络层，因此可以将信息发送到任何已连接到云平台的基站。只需将正确的天线连接到其插座，LoRaWAN 模块就可以以不同的频率工作。

	LoRa	LoRaWAN
本质	LoRa是LoRaWAN网络物理层中使用的调制技术；基本上是CSS（Chirp Spread Spectrum）调制，用于使用不同的扩频因子提供不同的数据速率。	LoRaWAN由于其广泛的覆盖能力而被用作WAN（广域网）的无线网络。
应用	在LoRaWAN系统中用作鲁棒调制；有助于实现不同的数据速率。	用作低功耗，低数据速率和长距离无线系统；在基于IoT／M2M的系统中很受欢迎。
所处位置	在系统的物理层有特定的功能。	它有四层：RF，物理层，MAC和应用层。

图 4-20　比较

LoRaWAN 与 LoRa 的关系：

同样是因为名字类似，不少人将 LoRaWAN 与 LoRa 两个概念混淆。事实上 LoRaWAN 指的是 MAC 层的组网协议。而 LoRa 只是一个物理层的协议。虽然现有的 LoRaWAN 组网基本上都使用 LoRa 作为物理层，但是 LoRaWAN 的协议也列出了在某些频段也可以使用 GFSK 作为物理层。从网络分层的角度来讲，

LoRaWAN 可以使用任何物理层的协议，LoRa 也可以作为其他组网技术的物理层。事实上有几种与 LoRaWAN 竞争的技术在物理层也采用了 LoRa。

LoRa 是 LPWAN 通信技术中的一种，是美国 Semtech 公司采用和推广的一种基于扩频技术的超远距离无线传输方案。这一方案改变了以往关于传输距离与功耗的折衷考虑方式为用户提供一种简单的能实现远距离、长电池寿命、大容量的系统，进而扩展传感网络。目前，LoRa 主要在全球免费频段运行，包括 433/868/915MHz 等。

LoRa 网络主要由终端（可内置 LoRa 模块）、网关（或称基站）、Server 和云四部分组成。应用数据可双向传输。派洛德的具备构架 LoRa 网络的能力，LoRa 模块，网关，云平台都已经成熟。

LoRaWAN 是一个开放标准，它定义了基于 LoRa 芯片的 LPWAN 技术的通信协议。LoRaWAN 在数据链路层定义媒体访问控制（MAC），由 LoRa 联盟维护。LoRa 和 LoRaWAN 之间的这种区别很重要，因为 Link Labs 等其他公司在 LoRa 芯片的顶部使用专有的 MAC 层来创建更好的混合设计 – 在 Link Labs 案例中称为 Symphony Link。

在最基本的层面上，像 LoRaWAN 这样的无线协议相当简单。LoRaWAN 是一种星型或星型对星型拓扑结构如图 4-21 所示，因为在保持电池电量并增加通信范围方面的优势，所以普遍认为它比网状网络更好。

具体而言，星型拓扑通过网关将消息中继到中央服务器，每个末端节点将数据传输到多个网关。然后网关将数据转发到网络服务器，在网络服务器上执行冗余检测，安全检查和消息调度。

这种设计的两个明显优势在于：

（1）更简单的跟踪：由于终端节点向多个网关发送数据，因此不需要网关到网关的通信。这简化了终端节点移动跟踪应用的逻辑。

（2）更好的公共网络：这种不对成的关系让中央服务器来解决碰撞问题，所以 LoRaWAN 可能更适合部署在公共网络。

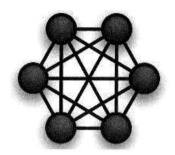

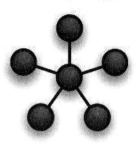

图 4-21　网络拓扑

第三节　LoRa 应用

目前，低功耗广域网技术发展如火如荼，LoRa 模块以及由此而来的 LoRaWAN 系统在其中占据重要地位，商业化运用，已经到了一个比较成熟的阶段。

一项通信技术要实现大规模商业化，它的技术本身要存在特定的优势，LoRa 低功耗、距离远、抗干扰，灵敏度高，成本低等优点，使其在如农业信息化、环境监测、智能抄表、智能油田、车辆追踪、智慧工业、智慧城市、智慧社区等领域都发挥着重要作用。

农业信息化：农业信息化是指在农业领域全面地发展和应用现代信息技术，使之渗透到农业生产的各个方面。

LoRa 实现了农业节点的互联，无通信费用，低功耗，低成本，传输距离远等特点，使它在农业现场的大规模应用成为现实。比如在水质，二氧化碳浓度，温度，湿度，病虫害的监测上，采集设备信息可以通过 LoRa 模块传递给控制调度中心，根据实时的数据分析，进行自动灌溉，自动喷药等措施。

环境监测：环境监测是一个系统且庞大的工程，采用传统人力监测，会造成巨大浪费和复杂性，LoRa 技术的应用正好解决了这个问题。

将 LoRa 模块安装到环境中，对温度、风速、水位、流量、泥沙等数据进行实时的数据传输，充分利用了它低功耗、远距离、多节点、低成本的特点。

图 4-22　应用结构

智能抄表：LoRa 模块在城市智能抄表中也有着广泛的应用。配电箱中的数据采集设备，把每家每户每月的用电量信传递给 lora 模块，lora 模块再通过网关，把数据传递给远程控制中心。其中 lora 模块低成本的特点可以进行大规模推广，有利于智慧城市的建设。其应用结构如图 4-22 所示。

智慧农业：对农业来说，低功耗低成本的传感器是迫切需要的。温湿度、二氧化碳、盐碱度等传感器的应用对于农业提高产量、减少水资源的消耗等有重要的意义，而这些数据指标短时间内不会产生明显变化，数据量小且对实时性的要求不高，因此 LoRa 无疑是最佳选择。

智慧建筑：对于建筑的改造，加入温湿度、安全、有害气体、水流监测等传感器并且定时地将监测的信息上传，方便了管理者的监管同时更方便了用户。通常来说，这些传感器的通信不需要特别频繁或者保证特别好的服务质量，同时便携式的家庭式网关便可以满足需要，所以该场景 LoRa 是比较合适的选择。

自动化制造：在自动化工业生产环境中，大量的智能技术得到应用，各种信息数据在网络中进行交汇，因此所选网络的特性直接关乎生产计划的执行质量。一些场景需要低成本的传感器配以低功耗和长寿命的电池来追踪设备、监控状态，这时 LoRa 便是合理的选择。

智慧物流：物流行业涉及的地域范围非常广阔，因此在选择网络时首选考虑的是低投入与高工作寿命。为了能够跟踪卡板以及确定货物的位置与状态，货运公司需要的是参与整个物流过程的设施均处于网络覆盖下，那么不仅要求网络节点足够经济性以便于大范围铺设，而且拥有机动性使其可以安装在运输工具上作为一个移动网关。如此，需要依靠 4G 基站布网的 NB-IoT 技术显然不能适应这方面要求，而 LoRa 低成本，高电池寿命，高机动性，以及在高速移动时通信的稳定性使得其能够在智能物流领域独领风骚。

LoRa 与 NB-IoT 是最有发展前景的两个低功耗广域网通信技术。不过两者之间到底有什么区别和不同？谁又将更胜一筹占领 LPWAN 制高点？

物联网的快速发展对无线通信技术提出了更高的要求，专为低带宽、低功耗、远距离、大量连接的物联网应用而设计的 LPWAN（low-power Wide-Area Network，低功耗广域网）也快速兴起。NB-IoT 与 LoRa 是其中的典型代表，也是最有发展前景的两个低功耗广域网通信技术。

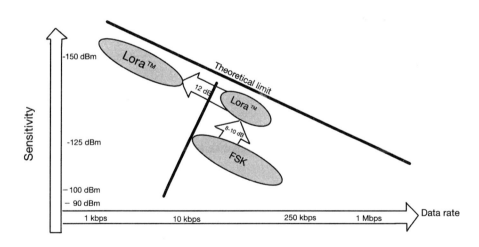

图 4-23 速率

LoRa 的诞生比 NB-IoT 要早些，2013 年 8 月，Semtech 公司向业界发布了一种新型的基于 1GHz 以下的超长距低功耗数据传输技术（Long Range，简称

LoRa）的芯片。其接收灵敏度达到了惊人的 –148dbm，与业界其他先进水平的 sub–GHz 芯片相比，最高的接收灵敏度改善了 20db 以上，这确保了网络连接可靠性。灵敏度与速率之间的关系如图 4–23 所示。

它使用线性调频扩频调制技术，即保持了像 FSK（频移键控）调制相同的低功耗特性，又明显地增加了通信距离，同时提高了网络效率并消除了干扰，即不同扩频序列的终端即使使用相同的频率同时发送也不会相互干扰，因此在此基础上研发的集中器 / 网关（Concentrator/Gateway）能够并行接收并处理多个节点的数据，大大扩展了系统容量。

线性扩频已在军事和空间通信领域使用了数十年，因为其可以实现长通信距离和干扰的健壮性，而 LoRa 是第一个用于商业用途的低成本实现。随着 LoRa 的引入，嵌入式无线通信领域的局面发生了彻底的改变。这一技术改变了以往关于传输距离与功耗的折中考虑方式，提供一种简单的能实现远距离、长电池寿命、大容量、低成本的通信系统。

LoRa 主要在全球免费频段运行（即非授权频段），包括 433、868、915 MHz 等。LoRa 网络主要由终端（内置 LoRa 模块）、网关（或称基站）、服务器和云四部分组成，应用数据可双向传输。如图 4–24 所示。

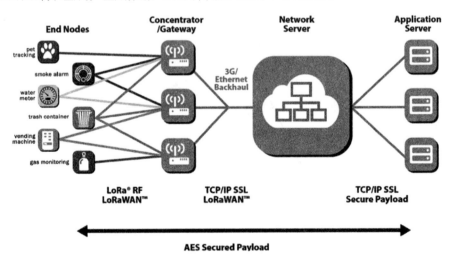

图 4-24　LoRa 网络架构

LoRa 的优势主要体现在以下几个方面：

1. 大大地改善了接收的灵敏度，降低了功耗

高达 157db 的链路预算使其通信距离可达 15km（与环境有关）。其接收电流仅 10mA，睡眠电流 200nA，这大大延迟了电池的使用寿命。

2. 基于该技术的网关/集中器支持多信道多数据速率的并行处理，系统容量大

如图 2 所示，网关是节点与 IP 网络之间的桥梁（通过 2G/3G/4G 或者 Ethernet）。每个网关每天可以处理 500 万次各节点之间的通信（假设每次发送 10Bytes，网络占用率 10%）。如果把网关安装在现有移动通信基站的位置，发射功率 20dBm（100mW），那么在建筑密集的城市环境可以覆盖 2km 左右，而在密度较低的郊区，覆盖范围可达 10km。

3. 基于终端和集中器/网关的系统可以支持测距和定位

LoRa 对距离的测量是基于信号的空中传输时间而非传统的 RSSI（Received Signal Sterngth Ind-icaTIon），而定位则基于多点（网关）对一点（节点）的空中传输时间差的测量。其定位精度可达 5m（假设 10km 的范围）。

LoRa 的关键特征和优势如图 4-25 所示。

关键特征	优势
157db链路预算	远距离
距离>15km	
最小的基础设施成本	易于建设和部署
使用网关/集中器扩展系统容量	
电池寿命>10年	延长寿命
接受电流10mA，休眠电流<200nA	
免牌照的频段	成本低
基础设施成本低	
节点/终端成本低	

图 4-25　LoRa 技术特点

这些关键特征使得 LoRa 技术非常适用于要求功耗低、距离远、大量连接以及定位跟踪等的物联网应用，如智能抄表、智能停车、车辆追踪、宠物跟踪、智慧农业、智慧工业、智慧城市、智慧社区等应用和领域。

应用：国外如火如荼，国内略显冷清。

一种通信技术要实现大规模商业化，除技术本身要有特定的优势外，还需要背后阵营强力支持，其中产业联盟就是一股强大的推动力量，LoRa 也不例外。

2015 年 3 月 LoRa 联盟宣布成立，这是一个开放的、非盈利性组织，其目的在于将 LoRa 推向全球，实现 LoRa 技术的商用。该联盟由 Semtech 牵头，发起成员还有法国 AcTIlity，中国 AUGTEK 和荷兰皇家电信 KPN 等企业，到目前为止，联盟成员数量达 330 多家，其中不乏 IBM、思科、法国 Orange 等重量级厂商。

LoRa 的产业链中（包括终端硬件产商、芯片产商、模块网关产商、软件厂商、系统集成商、网络运营商）的每一环均有大量的企业，构成了 LoRa 的完整生态系统，促使了 LoRa 的快速发展与生态繁盛。如图 4-26 所示。

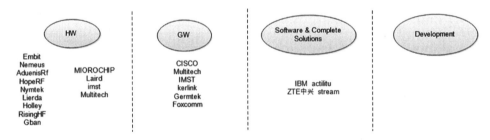

图 4-26　LoRa 产业链

LoRa 网络已经在世界多地进行试点或部署。截至 2017 年公布的数据，已经有 17 个国家公开宣布建网计划，120 多个城市地区有正在运行的 LoRa 网络，如美国、法国、德国、澳大利亚、印度等国家，荷兰、瑞士、韩国等更是部署或计划部署覆盖全国的 LoRa 网络。

LoRa 技术在国外发展如火如荼。不过就国内来看，LoRa 的应用似乎并不多，目前可看到的公开应用是国内 AUGTEK 公司在京杭大运河开展的 LoRa 网络建设，据悉目前已经完成江苏段的全线覆盖。

其实国内从事 LoRa 模块和方案开发的厂商并不少，除 AUGTEK，还有洲斯物联、思创汇连、普天通达、八月科技、NPLink、门思科技、利尔达、通感微电子、上海雍敏、武汉拓宝、博大光通、唯传科技、三凡信息等等众多公司。

LoRa 易于建设和部署，得到越来越多国内公司的关注和跟进。例如深圳通感微电子有限公司成立了专门的项目组从事 LoRa 模块、网关和整体方案的开发。据该公司副总经理刘文上介绍，通感微做了不少相关 LoRa 的项目，例如可实时显示停车位分布状况的停车场监控系统、实现无线土壤检测的智能农业系统、防止盗猎的南非 Kruger 国家公园犀牛保护项目等。

这些项目的部署时间都非常快，例如上述的停车监控系统，覆盖面积 $10\text{km} \times 10\text{km}$，部署了 6 个 LoRa 网关，支持终端规模 3000 个，部署时间仅需两周。

第五章　LoRa开发

LoRa 网络已经在世界多地进行试点或部署，Orange、KPN、SK、TATA、软银、Senet、Comcast 等各国主流电信运营商已选择 LoRa 来建设物联网专用网络，形成源于 LoRaWAN 的物联网标准规范并大范围推广。

由于 LoRa 技术远距离、低功耗传输优势，国内一些在物联网行业探索多年的企业也纷纷提前布局，深入研究 LoRa 技术的行业应用产品及解决方案。在此方面，成立于 1997 的国内知名物联网行业应用解决方案及产品提供商—深圳市宏电技术股份有限公司，一直关注物联网行业技术的发展，早已布局 LoRa 技术的研究。目前已研发出完善的基于 LPWAN 远距离无线通信解决方案，以及支持 LORAWAN 协议的 LoRa 传输模块和 4G LoRa 网关。随着技术的成熟以及基于公司多年以来在电力、水利、农业等行业的应用积累，可以预见不久后其 LoRa 产品及方案在行业应用方面将会得到广泛的应用，为推动物联网行业发展做出贡献。

在新一轮物联网发展浪潮中，就低功耗广域网络领域，发达市场已规模化部署应用的背景下，国内的参与者也以开放性的智慧，推动 LoRa 网络在国内的规模化部署和应用，相信随着行业应用落地的增多，国内这张以共享经济理念形成的运营商级 LoRa 网络也将成为全球 LoRa 布局的最核心区域。

LoRa 可望加速物联网（IoT）发展。物联网崛起，也带动相关无线技术如雨后春笋般冒出头，其中，LoRa 兼具低功耗、低成本与传输距离远等特点，可满足长时间运作物联网应用需求，备受电信商 / 半导体业者青睐，并已积极将此一技术运用至基础建设中。

物联网崛起,促使许多企业纷纷寻求合作/联盟,加以推出更好的联网技术。LoRaWAN、Weightless 以及 Sigfox 等新兴技术如雨后春笋般冒出头,就是为了在物联网中争得一席之地。其中,LoRaWAN 兼备低功耗、低成本与传输距离远等三大特点,可满足须长时间运作、以电池供电且大量布建的物联网应用需求,因而快速受到电信营运商青睐,半导体业者也开始积极布局,将此一技术运用于智慧城市与智慧工业等基础建设中,加速商用发展。

SoftBank/AcTIlity 结盟布局日本物联网发展,软银(SoftBank)将推出全方位的低功耗广域网解决方案,可望引领日本物联网取得爆发性成长。基于 AcTIlity 在低功耗广域(LPWA)网络基础建设和服务平台的技术和市场优势,软银正和 AcTIlity 合作布建 LoRaWAN 网络,以广泛支持在日本的各种应用,包括年长者照护追踪、隧道状况监控、水表自动化等领域。

软银服务平台策略暨开发部副总裁 Hironobu Tamba 表示,AcTIlity 对 LPWA 市场的深入了解,以及为了开创 LoRaWAN 所投注的心力,令软银印象深刻。该公司期盼透过与 Actility 及其生态体系伙伴密切的技术交流和市场合作,为日本打造充满商机的 LPWA 营运环境。

该公司已预见到各种未来的物联网应用,包括商务设施管理、智能建筑、设备监视和远程遥控、库存追踪、自动读取瓦斯和水表、看守年长者和孩童、道路、隧道及公共设施监控,以及物流运输车辆管理等。LoRaWAN 网络容易部署、低成本、低功耗等特性,让物联网得以快速布建。软银计划同步推出物联网优化解决方案,以充份发挥 LTE 行动网络和 LPWA 网络的双重优势。

与软银和 Actility 合作进行此一部署并共同推动 LoRaWAN 生态体系发展的第三方包括全球最大的 OEM 供货商富士康(企业总部位于台湾),以及 LoRaWAN 技术供货商 Semtech(企业总部位于美国)。Actility 执行长 Mike Mulica 指出,软银是全球公认的网络经济领导者。Actility 对于能与软银团队合作物联网策略深感振奋,尤其是他们对发展 LPWA 的承诺及即将在日本展开的 LoRaWAN 部署。

加速 LoRa 商用脚步 Actility 升级网络平台,与此同时,为加速 LoRa 商用发展,Actility 除与软银合作之外,也于近期的 LoRa 联盟全员大会中,宣布对旗下 ThingPark LPWA 网络平台进行重大升级。

Actility 创办人暨技术长 Olivier Hersent 表示，ThingPark 4.0 象征该公司的电信级物联网平台往前迈进一大步，新增的网络地理定位功能无疑是最大的亮点，这将协助任何想要定位和追踪资产、动物和人的客户，开发各种崭新的使用案例。该平台日益成熟，可以从不断推陈出新的工具得到明证；透过这些工具，客户可以更简单、更容易地管理和优化 ThingPark LPWA 网络的大规模商业部署。

据悉，ThingPark 是电信级的物联网平台，能让服务供货商加速实现物联网策略及商业化。ThingPark Wireless 为低功耗传感器和装置提供长距离的网络连接；ThingPark Mash-up 则提供物联网通信协议及数据中介服务，协助网络应用程序与大量不同的传感器所传送的数据无缝链接。

增强版 4.0 增加了网络地理定位（Network-based geolocation），实现追踪（Tracking）和地理围栏（Geofencing）功能，透过先进无线电优化技术极大化装置电池寿命和网络容量，提供供货商和网络营运业者简化接取装置的解决方案，以及可用来监控和可视化 LPWA 网络讯息流的改良版工具套件。

另一方面，Actility 也推出「ThingPark 核可计划（ThingPark Approved）」。该公司期望以物联网商务促成者的角色，确保其在全球智慧停车、智慧电表、居家安全等领域皆受到广泛采用的 ThingPark 物联网解决方案得以更迅速地进行部署。该计划的合作伙伴可以联机测试其产品并在通过后获取"ThingPark 核可"，与 ThingPark 生态系中的其他解决方案业者互动，并于"ThingPark 市集"推出并贩卖其解决方案。

看好 LoRa 于物联网市场发展前景，意法半导体（ST）宣布推出新款基于 STM32 微控制器生态系统的开发工具——P-NUCLEO-LRWAN1。设计工程师可使用此开发工具包开发出具有 LoRa 无线低功耗广域物联网（LPWAN）连网功能的装置原型。

相较传统行动网络技术，LoRa 远距离通信技术有诸多优点，包括低功耗和低成本。LPWAN 网络最远能链接 15 公里外的远程传感器和装置，可穿透建物稠密的都会区，电池寿命长达十年。这些性能，加上平价传感器和装置的兴起，可望支持物联网应用蓬勃发展，让跨产业、基础设施、甚至每户家庭都负担得起，进而促进物联网爆炸性成长；其多功能的特性还包括多种通信模式、精确的室内外位置感测和安全的原生进阶加密标准 AES-128。

新款开发工具包由超低功耗的 STM32L073 Nucleo（NUCLEO-L073RZ）微控制器开发板与 Semtech 的 SX1272 LoRa 收发器的射频扩充板（I-NUCLEO-SX1272D）所组成。STM32L073 微控制器具备高效能 ARM Cortex-M0+ 核心及独特超低功耗技术，适用于电表、报警系统、定位装置、追踪器，以及远程传感器主机等应用；透过增加扩充板于主板上，可进一步扩大系统的功能，例如，在开发板上安装 X-NUCLEO-IKS01A1 传感器扩充板，可以增加运动、湿度和温度感测功能。

同时，新开发工具包具备了搭载 LoRaWAN 1.0.1 版双向通信终端装置所需的全部工具，并支持 A 类和 C 类通信协议，启动装置有两种方式可供选择，包括 Over-The-Air Activation（OTAA）或 Activation-By-Personalization（ABP）。此外，该公司旗下 STM32 生态系统提供丰富的开发资源，包括 STM32Cube 工具和软件包，其中包括例程和硬件抽象层（HALs）。开发人员使用这些资源可将应用软件移植到 700 余款 STM32 微控制器上，还可以免费使用类似的 IDE 开发环境和 ARM mbed 在线工具。

另一方面，为推广 LoRa 技术，意法也和 Semtech 签署 LoRa 远程无线射频技术合作开发协议，期望透过这项技术加快行动网络营运业者（Mobile network operator，MNO）和私有企业对物联网应用的部署。意法半导体将加入低功率无线电联盟（LoRa Alliance），Semtech 和意法半导体将针对多个以 LoRa 为中心的商用开发项目进行合作，并在多个产品平台上整合 LoRa 技术，以满足相关应用的各种需求。

物联网热潮持续延烧，根据市场调研单位 Gartner 分析，目前物联网市场正呈现爆发式增长，到 2020 年可联网的物品将达到两百五十亿件。LoRaWAN 能应用于公开网络和私有网络，并兼具长距离、低成本、低功耗，以及能维持较长电池寿命等优势，可望支持物联网应用蓬勃发展，进而促进物联网加速成长。

有鉴于此，除上述所提的软银、Actility 及 ST 之外，其余像是思科（Cisco）、

IBM、陞特（Semtech）及微芯（Microchip）等多家科技业者也致力推广远距离、可双向通信、低成本且低功耗的 LoRaWAN 广域联网技术，以加速物联网的实现。

第一节　芯片的选择

OMx02 模块是高度集成低功耗半双工小功率无线数据传输模块，嵌入高速低功耗单片机和高性能扩频射频芯片，与现有的 FSK 或 OOK 调制技术相比，LoRa 调制可以获得非常显著的距离提升。OMx02 支持二次开发，通过 ManThink 提供的 SDK 实现多种 LoRaWAN 的应用，OMx02 拥有丰富的硬件资源，实现 SPI，IIC，AD 和 DIO 等不同的功能。

OMx02 模块采用扩频通信机制以大幅度提高灵敏度，最高灵敏度可达 –137dBm，使其在低功耗下也可大幅延长传输距离。在 LoRaWAN 协议工作模式下，星状网络可以使用网关来解决可能的节点冲突问题和低功耗问题。

OMx02 模块工作电压为 2.6～3.6V，在接收状态下平均消耗约 13mA。在没有数据包传输情况下，模块功耗仅为 3μA，因此非常适合于电池供电的系统。

使用 OMx02 模块，可以最大程度的减少用户在射频开发方面的时间和投资成本，从而专注产品研发，并快速占领市场。

ManThink 的 OMx02 模块是工作在 ISM（工业、科学和医学）免费频段的超远距离、高性能无线通信模块。

OMx02 模块采用 Semtech 的 LoRa 调制技术。与传统 FSK 和 OOK 为基础的调制方式相比，LoRa 调制包含的扩频调制技术和高效的纠错编码技术，显著提高了无线通信时的距离、可靠性、接收灵敏度和抗突发干扰等特性。

SX1278 芯片为 Semtech 公司推出的具有新型 LoRa 扩频技术的 RF 芯片，具有功耗低、容量大、传输距离远、抗干扰能力强的优点。SX1278 芯片使用方法：SX1278 芯片引出了 SPI 接口，用于对 SX1278 的通信和控制。同时引出了 6 个 GPIO 口。MCU 通过 SPI 和 SX1278 芯片通信，对芯片进行初始化，配置通信参数，切换工作模式，收发数据。6 个 GPIO 口在 SX1278 芯片产生中断时，电平会从低电平变高电平，清除中断后，电平变回低电平。

图 5-1 展示了 SX1278 等芯片的主要特性。

零件编号	频率范围	扩频因子	带宽	有效比特率	预估灵敏度
SX1276	137-1020MHz	6-12	7.8-500kHz	0.018-37.5kbps	-111- -148dBm
SX1277	137-1020MHz	6-9	7.8-500kHz	0.11-37.5kbps	-111- -139dBm
SX1278	137-525MHz	6-12	7.8-500kHz	0.018-37.5kbps	-111- -148dBm

图 5-1 LoRa 芯片主要特性

通信频率范围：137MHZ ～ 525MHZ, 带宽 :7.8KHZ ～ 500KHZ。

LoRa 的调制解调方式：SX1276/77/78 系列产品采用了 LoRaTM 扩频调制解调技术，还支持标准的 GFSK、FSK、OOK 及 GMSK 调制模式，因而能够与现有的 M-BUS 和 IEEE 802.15.4g 等系统或标准兼容。Lora 芯片的几种工作模式如图 5-2 所示。

操作模式	描述
睡眠模式	低功耗模式，在这种模式下，仅 SPI 和配置寄存器可以访问，LoRa FIFO 不能访问。 注意，这是唯一允许 FSK/OOK 模式与 LoRa 模式切换的操作模式。
待机模式	晶体振荡器和 LoRa 基带模块被开启，而射频部分和 PLL 则被关闭。
FST$_x$ 模式	这是一种用于发射的频率合成模式。选定的发射 PLL 处于锁定状态，并在发送频率上保持活跃，射频部分被关闭。
FSR$_x$ 模式	这是一种用于接收的频率合成模式。选定的接受 PLL 处于锁定状态，并在接受频率上保持活跃，射频部分被关闭。
T$_x$ 模式	这种模式被激活后，SX1276/77/78 将打开发送所需的所有模块、打开功率放大器（PA）、发送数据包，并切换回待机模式。
R$_x$ 模式	这种模式被激活后，SX1276/77/78 将打开接受所需的所有模块、处理所有接受到的数据、直到客户请求变更操作模式。
R$_x$ 单一模式	这种模式被激活后，SX1276/77/78 将打开接受所需的所有模块、在收到有效数据包前保持此状态，随后切换回待机模式。
CAD 模式	在 CAD 模式下，设备将检测已知信道，以检测 LoRa 前导码信号

图 5-2 工作模式

启动 Lora 模式（既设置 RegOpMode 的 LongRangeMode 位）后，就可以设置 Lora 工作模式。通过变更 RegOpMode 寄存器的值，就可以在各种模式之间进行切换。

睡眠模式：低功耗模式。在此模式下，切换回 Lora 模式，SX1278 芯片初始化会进行这一动作。此模式会清空 FIFO 内的内容，并且 FIFO 的内容也只会在这种模式下清除，其他模式下都是覆盖该内容。在这种模式下，仅 SPI 和配置几寸器可以访问，LoraFIFO 不能访问。这是唯一允许 FSK/OOK 模式与 Lora 模式切换的操作模式。

待机模式：芯片通常运行在这个模式，射频和 PLL 被关闭，能耗很低。根据需要，切换到其他模式。另外，FIFO 数据缓存只有在待机模式下才允许写入，发送时，需要在待机模式下，将数据写入到 FIFO，再切换到 TX 模式发送。晶体振荡器和 Lora 基带模式被开启，而射频部分和 PLL 则被关闭。

FSTx 模式：这是一种用于发射的频率合成模式。选定的发展 PLL 处于锁定状态，并在发送频上保持活跃，射频部分被关闭。

TX 模式：这种模式被激活后，SX1276/SX1277/SX1278 将被打开发送所需要的所有模块、打开功率放大器（PA）、发送数据包，并切换回待机模式。

RX 连续模式：连续接收模式下，调制解调器会持续扫描信道，以搜索前导码。每当检测到前导码时，调制解调器都会在收到数据包前对该前导码进行检测及跟踪，然后继续等待检测下一前导码。在连续 Rx 模式下，当产生超时中断时，设备不会进入待机模式。这时，用户必须在设备继续等待有效前导码的同时直接清除中断信号。这种模式被激活后，SX1276/SX1277/SX1278 将打开接收所需的所有模块、处理所有接收到的数据，直到客户请求变更操作模式。

RX 单一模式：在这种模式下，调制解调器在给定的时间窗口内搜索前导码。如果在该时间窗口（由 RegSymbTimeout 寄存器定义，10 位长度的时间 0 ~ 0x3FF）结束时还未找到前导码，表示等待接收超时，则芯片会产生 RxTimeout 中断信号并切换回待机模式。运用此模式时，需要知道对方数据什么时候到达，否则，必须一直在待机模式和单一接收模式间切换，才能收到数据。这种模式被激活后，SX1276/SX1277/SX1278 将打开接收所需的所有模块、在接到有效数据包前保持此状态、随后切换回待机模式。

CAD 模式：信道活动检测模式旨在以尽可能高的功耗效率检测无线信道上的 Lora 前导码。在 CAD 模式下，SX1276/77/78 快速扫描频段，以检测 Lora 数据包前导码。可用于定时扫描信道，降低能耗。在 CAD 模式下设备将检查已知信道，以检测 Lora 前导码信号。

图 5-3 是 SX1278 芯片的 LoRa 模式下的 GPIO 口映射表。

操作模式	DIOx 映射	DIO5	DIO4	DIO3	DIO2	DIO1	DIO0
全部	00	ModeReady	CadDetected	CadDone	FhssChange Channel	RxTimeout	RxDone
	01	ClkOut	PllLock	ValidHeader	FhssChange Channel	FhssChangeC hannel	TxDone
	10	ClkOut	PllLock	PayloadCrcError	FhssChange Channel	CadDetected	CadDone
	11	-	-	-	-	-	-

图 5-3　GPIO 端口

第二节　LoRa 硬件开发实例

一、LoRa 模块与 SX1278 芯片

LoRa 远距离、无线扩频模块选用 Semtech 公司的 SX1278 器件，该器件选用了 LoRa TM 扩频调制跳频技术高效的接收灵敏度和超强的抗干扰功用，其通信距离，接收灵敏度都远超现在的 FSK、GFSK 调制，且多个传输的信号占用同一个信道而不受影响，具有超强的抗干扰性。

（一）LoRaWAN 数据速率

对于 LoRa SX1278 芯片来说，LoRaWAN 数据速率范围在 0.3kbps 到 11kbps 之间，欧洲地区 GFSK 数据速率是 50kbps。在北美地区，由于 FCC 限制最小数据速率是 0.9kbps。为使终端设备的电池寿命和总体网络容量最大化，LoRaWAN 网络服务器通过自适应数据速率（ADR）算法对每个终端设备数据速率和 RF 输出分别进行管理。ADR 对于高性能网络是至关重要的，具有了可扩展性。在基础设施方面，以最小的投资部署一个网络，当需要增加容量时，就部署更多的网关，ADR 将会使数据速率更高，可将网络容量扩展 6 到 8 倍。

（二）LoRa 处理干扰

LoRa 调制解调器对同信道 GMSK 干扰抑制可达 19.5dB，或换句话说，它可以接受低于干扰信号或底噪声的信号 19.5dB。因为拥有这么强的抗干扰性，所以 LoRaTM 调制系统不仅可以用于频谱使用率较高的频段，也可以用于混合通信网络，以便在网络中原有的调制方案失败时扩大覆盖范围。

（三）LoRa 设备天线上可以达到的实际 Tx 功率

在芯片引脚输出的功率是 +20dBm，经过匹配 / 滤波损耗后在天线后，在天线上功率是 +19dBm +/–0.5dB。最大输出功率在不同的地区有不同的规定，LoRaWAN 规范定义了不同地区不同的输出功率使链路预算最大化。

（四）LoRa 信道活动检测 (CAD) 模式的过程

CAD 用于检测 LoRa 信号的存在，而不是使用一个接收信号强度（RSSI）的方法来识别是否有信号存在。它能够把噪音和需要的 LoRa 信号区分出来。CAD 过程需要两个符号，如果被 CAD 检测到，CAD_Detected 中断变为有效，设备处于 RX 模式接收数据有效载荷。

（五）选择 LoRa 信号带宽 (BW)、扩频因子 (SF) 和编码率 (CR)

LoRaWAN 主要使用了 125kHz 信号带宽设置，但其他专用协议可以利用其他的信号带宽(BW)设置。改变 BW、SF 和 CR 也就改变了链路预算和传输时间，需要在电池寿命和距离上做个权衡。请使用 LoRa 调制解调器计算器评估权衡。

两个不同制造商的 SX127x 模块不能通信时，故障检测的步骤是首先，在两个设备间检查由晶振引起的频率偏移。带宽（BW）、中心频率和数据速率这些都源自晶振频率。其次，检查在两边的软件 / 固件设置，确保频率、带宽、扩频因子、编码率和数据包结构是一致的。

二、LoRa 开发原理

（一）基于 LoRa 芯片的设计

LoRa 芯片是基于 Semtech 的 LoRa 收发器和天线以及任意厂商的电路辅助，该设计遵循具有 LoRa 无线电部分的通用架构。如图 5-4 所示。

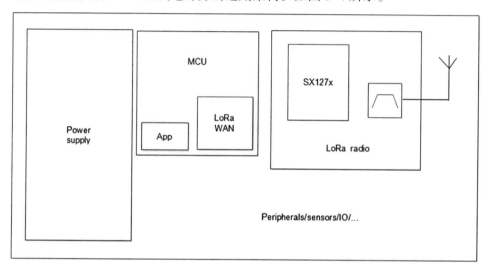

图 5-4　LoRa 芯片设备架构

在该架构中，设备开发者必须负责整个 RF 设计，包括 PCB 路由限制、天线转向和发射 / 抗干扰问题。这里的整个 LoRaWAN 栈必须由主 MCU 管理，由设备开发者或制造商实现。

（二）基于 LoRa 模块的设计

LoRa 模块是一个包含 MCU 和 LoRa 无线电的组件。MCU 可用于软件编程来运行应用和 LoRaWAN 栈。这种设计方法的主要优点是所有 RF 硬件开发是由模块制造商实现的。

天线转向和匹配大多数是在模块内完成的。模块制造商提供一个参考设计来连接或重新设计天线。如图 5-5 所示。

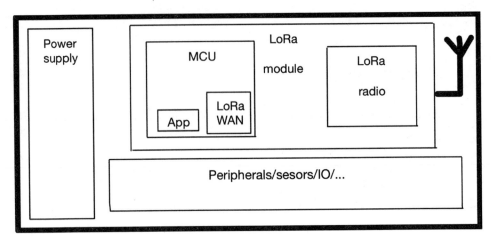

图 5-5　LoRa 模块设备架构

相比于之前的架构，因为 MCU 是可用的，设备制造商只负责 LoRaWAN
栈的集成。取决于模块提供者，LoRaWAN 栈可能会发布为一个库。

（三）基于 RF-MCU 的设计

RF-MCU 是一个 SoC（片上系统），在同一个硅封装中包含一个 MCU 和一
个 LoRa 收发器。RF 限制与之前的 RF 设计是一样的，但这个架构的主要优势
是整个设备的大小。从开发者角度来看，本设计类是似于一个模块。

（四）基于 LoRa 调制解调器的设计

LoRa 调制解调器是一个包含所有无线电相关组件的组件：栈 +RF 电路。
其设备架构如图 5-6 所示。一些调制解调器也可能包含一个集成的天线，或由
调制解调器制造商提供的关于如何设计或连接外部天线的参考设计。调制解调
器集成了整个 LoRaWAN 栈并作为从设备，所以它要求一个主设备来管理它。
通常是通过 AT 命令配置它或发送消息来完成通信。硬件接口经常会是 UART,
USB 或 SPI。几家制造商建议一个 LoRa 调制解调器例如 Microchip RN2483,
Multitech 或 ATIM。

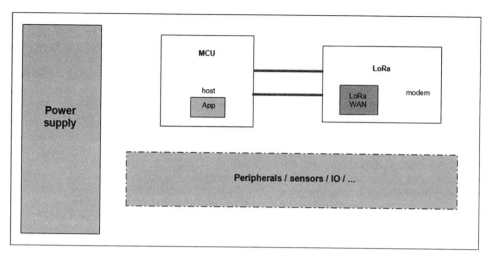

图 5-6　LoRa 调制解调器设备架构

（五）具有外部 LoRa 调制解调器的已有设备

LoRa 调制解调器也可以是外部独立的设备，例如通过 USB 连接到一个已有设备。在那种情况下，已有设备必须具有可用的外部连接，并能给外部 LoRa 调制解调器供电。如图 5-7 所示调制解调器集成了整个 LoRaWAN 栈并作为从设备，所以它要求一个主设备来管理它。通常是通过 AT 命令配置它或发送消息来完成通信。

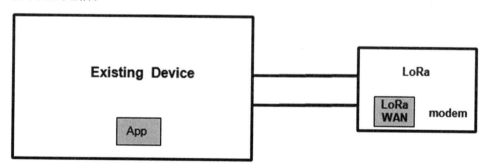

图 5-7　LoRa 外部调制解调器架构

（六）基本 Lora 设备的软件架构

通用设备软件架构描述如图 5-8 所示。

软件架构驱动层提供硬件适配并实现所有驱动程序来管理设备外设。它抽象硬件为暴露给中间件的简单功能。中间件实现了通信协议库（LoRaWAN，6LowPAN…），它也实现了复杂驱动程序，像屏幕、GPS 驱动程序等。应用层包含实现了设备行为和功能的所有功能性应用。

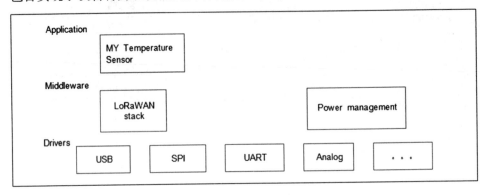

图 5-8　通用 LoRa 设备的软件架构

三、Lora 芯片开发

（一）Lora 芯片开发的重要参数。

扩频因子 RegModulationCfg。

SpreadingFactor（RegModulationCfg）	SpreadingFactor（Chips／symbol）	LoRa Demodulator SNR
6	64	-5dB
7	128	-7.5dB
8	256	-10dB
9	512	-12.5dB
10	1024	-15dB
11	2048	-17.5dB
12	4096	-20dB

图 5-9　不同扩频因子与信噪比的关系

因为不同扩频因子（SpreadingFactor）之间为正交关系，因此必须提前获知链路发送端和接收端的扩频因子。另外，还必须获知接收机输入端的信噪比。在负信噪比条件下信号也能正常接收，这改善了 LoRa 接收机的灵敏度、链路预算及覆盖范围。注意：SF=6 时必须用 ImplicitHeader 模式。

循环纠错编码 cyclic error coding。如图 5-10 所示。

CondingRate (Reg TxCfg1)	Cyclinc Coding Rate	Overhead Ratio
1	4/5	1.25
2	4/6	1.5
3	4/7	1.75
4	4/8	

图 5-10　循环纠错编码

信号带宽 Bandwidth 如图 5-11 所示。较低频段（169 MHz）不支持 250kHz 和 500kHz 的带宽。

Bandwidth(KHZ)	Spreading Factor	Coding Rate	Nominal Rb(bps)
7.8	12	4/5	18
10.4	12	4/5	24
15.6	12	4/5	37
20.8	12	4/5	49
31.2	12	4/5	73
41.7	12	4/5	98
62.5	12	4/5	146
125	12	4/5	293
250	12	4/5	586
500	12	4/5	

图 5-11　信号带宽

（二）数据包结构。

数据包结构包含序头（preamble）、报头（header 可配）、数据段 payload、和校验码 CRC，如图 5-12 所示：

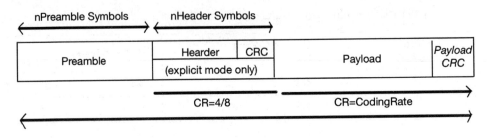

图 5-12　数据包结构

对于希望前导码是固定开销的情况，可以将前导码寄存器长度设置在 6 到 65536 之间来改变发送前导码长度，实际发送前导码的长度范围为 6+4 至 65535+4 个符号。这样几乎就可以发送任意长的前导码序列。接收机会定期执行前导码检测。因此，接收机的前导码长度应与发射机一致。如果前导码长度为未知或可能会发生变化，应将接收机的前导码长度设置为最大值。报头分显示报头模式和隐式报头模式。

低数据速率优化 LowDataRateOptimize 表示当单个符号传输时间超过 16 毫秒时，必须使用 LowDataRateOptimize 位。注意：发射机和接收机的 LowDataRateOptimize 位设置必须一致。有效负载 payload 其实就是数据段，即你要发或者要收的数据。数字寄存器和数字 I/O 寄存器 113 个，数字 I/O 也有 6 个等。

（三）芯片开发用例。

自己定义一个函数用来动态的初始化芯片如图 5-13 所示。

```
1   static void RFInit()
2   {
3       Radio->LoRaSetOpMode( RFLR_OPMODE_STANDBY );
4
5       Radio->LoRaSetPa20dBm( false );
6       Radio->LoRaSetRFPower( 5 );
7       Radio->LoRaSetSpreadingFactor( 7 );
8       Radio->LoRaSetErrorCoding( 1 );
9       Radio->LoRaSetPacketCrcOn( 0 );
10      Radio->LoRaSetSignalBandwidth( 7 );
11      Radio->LoRaSetImplicitHeaderOn( 0 );
12      Radio->LoRaSetSymbTimeout( 0x3FF );
13      Radio->LoRaSetPayloadLength( 128 );
14      Radio->LoRaSetLowDatarateOptimize( true );
15      Radio->LoRaSetFreqHopOn(false);
16      Radio->LoRaSetRxSingleOn(true);
17      Radio->LoRaSetPreambleLength( 6 );
18      Radio->LoRaSetOpMode( RFLR_OPMODE_STANDBY );
19  }
```

图 5-13　芯片初始化

通过 RF 发送数据的发送函数，主要用于收发异频，收发异频能减少干扰。

```
1   INT8U RFWrite(INT8U* buff, INT8U size, INT32U freq )
2   {
3       Radio->LoRaSetRFFrequency( freq );
4       Radio->SetTxPacket( buff, size);
5       while( Radio->Process( ) != RF_TX_DONE );
6
7       return size;
8   }
```

图 5-14　发送函数

通过 RF 接收数据的接收函数如图 5-15 所示。

```
1   INT8U RFRead(INT8U* buff, INT32U freq, INT8U timeout)
2   {
3       uint32_t result;
4       INT16U RxLen;
5
6       Radio->LoRaSetRFFrequency( freq );
7       Radio->LoRaSetRxPacketTimeout( timeout*1500 );
8       Radio->StartRx( );
9
10      while( 1 )
11      {
12          result = Radio->Process( );
13          if( (result == RF_RX_DONE) || (result == RF_RX_TIMEOUT) )
14          {
15              break;
16          }
17      }
18
19      if( result == RF_RX_DONE )
20      {
21          Radio->GetRxPacket( buff, &RxLen );
22          return RxLen;
23      }
24      else
25      {
26          return 0;
27      }
28
29  }
```

图 5-15 接收函数

第三节   LoRa 发送实例

树莓派网关与电脑连接成功后，执行程序在用户 rejeee 下的 LoRa/exec 目录，分别是 SPI 方式程序和 USB 方式程序。执行之前，需要通过 reset_lgw.sh 复位一下 SX1301。如图 5-16 所示。

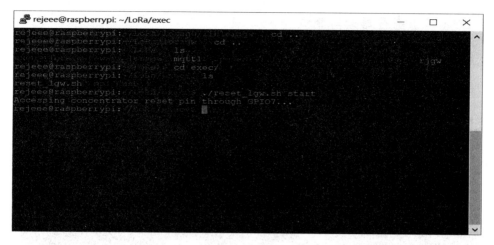

图 5-16　复位

（一）13011.SPI 读写测试。

首先确定树莓派与 1301 的连接方式，然后执行，reset 脚本复位芯片 reset_lgw.sh start，然后执行对应的测试程序。spi/test_loragw_spi 正确执行结果返回值 48，如图 5-17 所示。

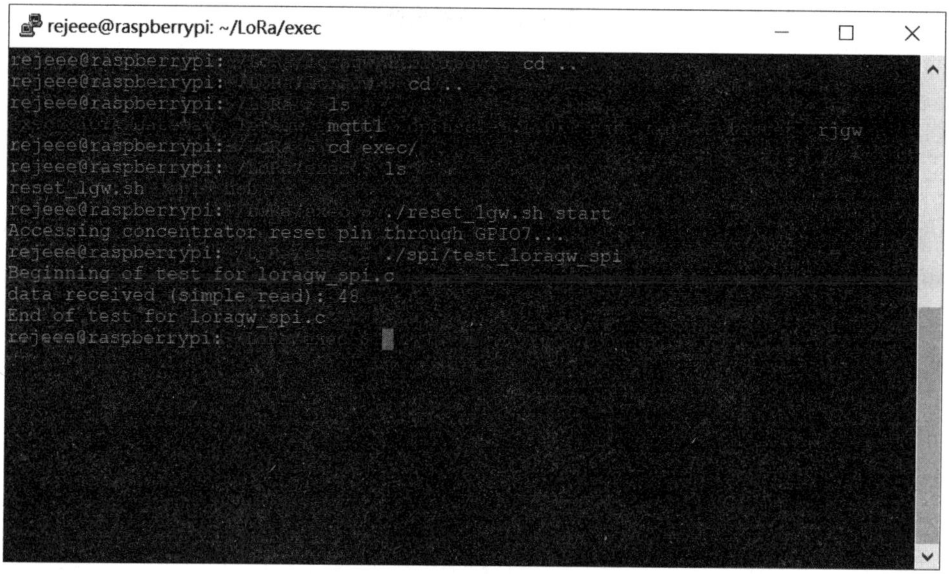

图 5-17　执行结果

（二）寄存器读写测试。

执行对应的测试程序为 spi/test_loragw_reg，正确执行结果返回值如图 5-18 所示。

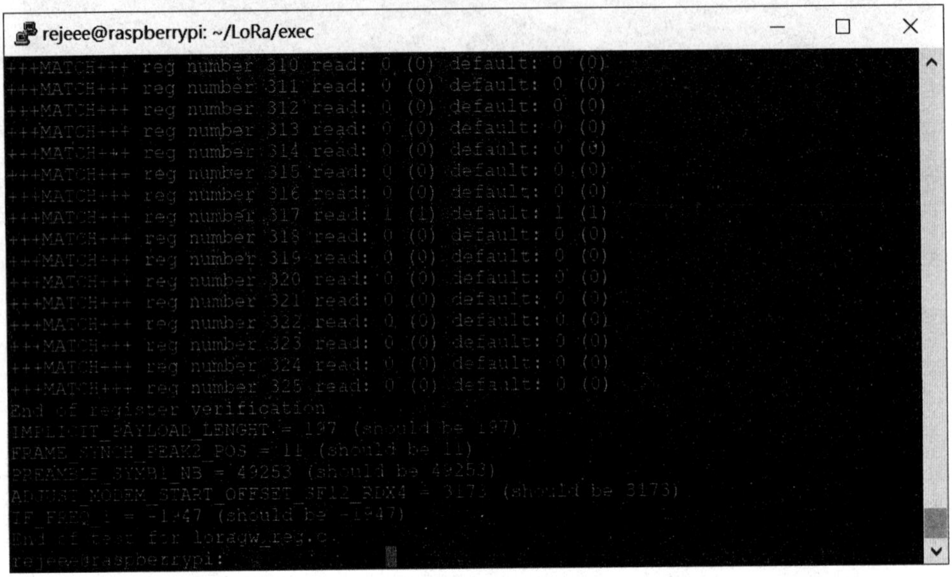

图 5-18　寄存器读写

（三）收发测试。

执行对应的测试程序为 Test4，可以通过命令查询帮助，分别对应 1301 对应的 A 和 B 两路接收和下行通道频点，然后是对应的 RF 前端型号，最后参数可不输入则取默认值。

假设 MPCI-GW2 对应的前端是 1255，选择一个 470 左右频点测试。执行命令如下：./spi/test_loragw_hal –a 471.1 –b 473.1 –t 475.1 –r 1255，如果执行失败，执行以下复位脚本即可，参考命令如图 5-19 所示。

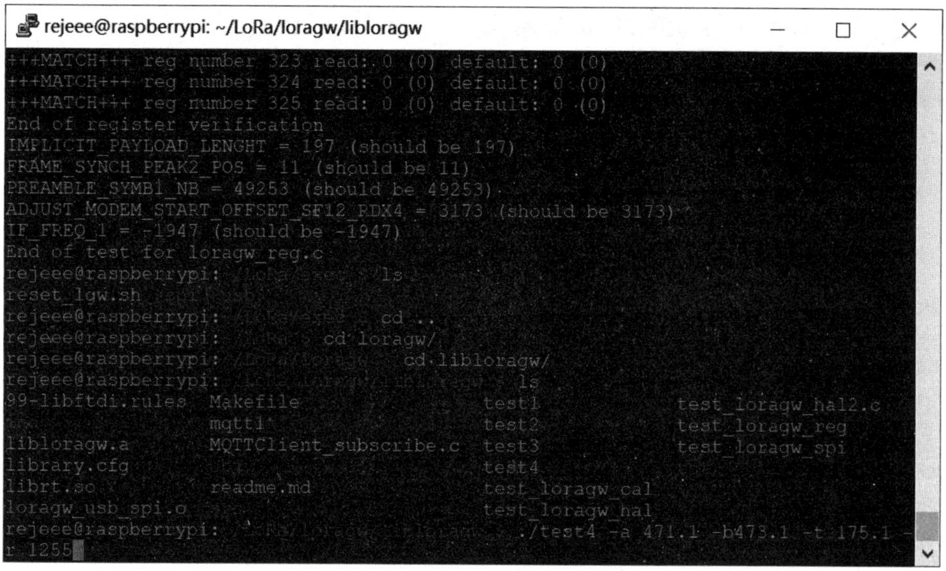

图 5-19　收发测试

网关配置完成，准备接收节点的数据，接收完成后自动发送到 mqtt 云服务器上。

第四节　LoRa 无线节点唤醒技术

无线唤醒技术在很多上游芯片方案中已经有应用，TI 系列的无线芯片很多带有这个功能，比如 CC1310，以及 LoRa 芯片 SX1276。它在很多网络协议中也已经有应用，B-MAC，X-MAC，甚至大家常见的 ZigBee 协议中也有一个很少人知道的概念"休眠路由"。它在很多物联网操作系统中也有应用，比如 TinyOS、Contiki，称之为"radio duty cycling mechanism"。

一、基础原理

原理简单说，就是在有效数据前头加一段较长的前导码，无线节点进行周期性地唤醒，监听下网络。一旦捕捉到前导码就进入正常的接收流程，若没有就立即休眠，等待下一次唤醒。为了让数据传输时，无线节点不会错过有效数据，机制上要保证前导码的持续时间要略长于节点的休眠时间。如图 5-20 所示。

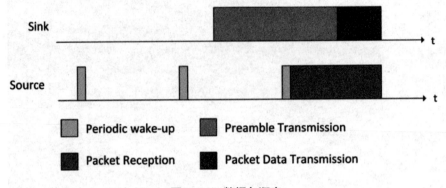

图 5-20　数据包顺序

上面是不带应答的情况，如果是单播方式需要应答的话，情况也差不多。如图 5-21 所示。

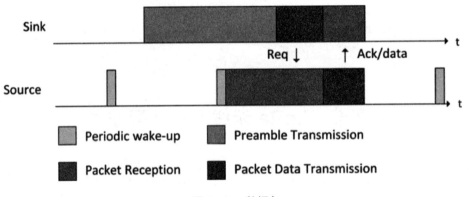

图 5-21　数据包

如上初步阐述了唤醒技术的基础原理，围绕这个基础原理，有一些人做了优化演绎，大致有这些情况。

（一）前导码变种

Contiki 的作者 Adam Dunkels 在 2011 年的论文中介绍了其空中唤醒机制，他将唤醒探针（也就是前导码）做了变化，与普通前导码 0101 的循环不同，它是将数据包做了多次循环发送。如图 5-22 所示。

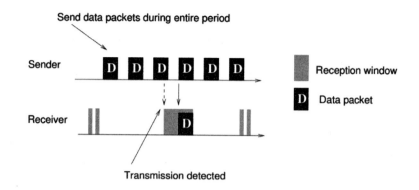

图 5-22　前导变种

上面是不带应答的情况，而应答的空中唤醒示意图见图 5-23。

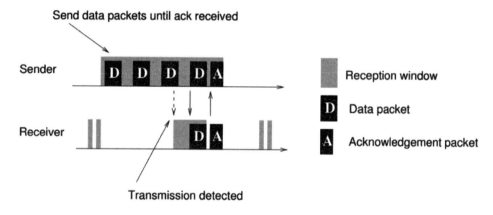

图 5-23　唤醒

相同的做法也出现在 TinyOS 中。

（二）快速休眠

多数据包的前导码方式额外带来了第二种优化方法，可以让节点更加的省电。通常空中唤醒最大难点是会被噪音误唤醒，因为监测前导码是采用信道监听，判断信道的 RSSI 是否大于某个阈值。一旦有噪音，则这次唤醒就白白耗了一个周期的电。

但是噪音有一个特点是，无规则，持续性。由于多个数据包做的前导码中带有固定间隔的休息时间，因此这个休息时间可以用来将前导码和噪音有效区别开。如果不小心被噪音唤醒，节点在接下来没检测到静默周期，则可确认是噪音，那么就立即睡眠以省电。如图 5-24 所示。

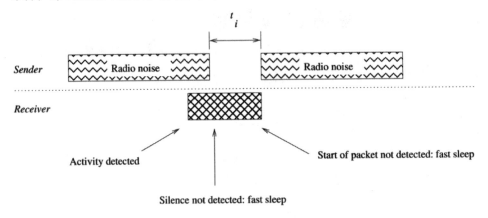

图 5-24　快速休眠

Contiki 由于是一个通用型系统，因此这种快速休眠处理方式是在软件层面的优化处理。

LoRa 的快速休眠方式则有所不同，由于调制技术优势使得其 CAD 能从噪声中判断有效前导码，所以在第一阶段就能避免误唤醒。另外还有一个优点是在硬件内部（如 SX1276 系列）就做了优化，可以在未收到完整数据包下就判断是否发给本地址，从而来节点更快做出应对处理。

（三）传输锁相

用通俗的话来讲就是节点 A 在与中心节点交互过一次之后，中心节点就记住了节点 A 的发送时刻(所谓的相)和周期。因此在下一次要唤醒节点 A 的时候，只需根据预估的节点 A 的唤醒时间点，准点去唤醒节点 A 就可以了。

这一个优化，虽然没有给节点 A 带来功耗上的优化，却降低了整个网络的负载，提高了信道的利用率。

二、CAD 模式唤醒

（一）操作原理介绍

信道活动检测模式旨在以尽可能高的功耗效率检测无线信道上的 LoRa 前导码。在 CAD 模式下，SX1276/77/78 快速扫描频段，以检测 LoRa 数据包前导码。

在 CAD 过程中，将会执行以下操作：

——PLL 被锁定；

——无线接收机从信道获取数据的 LoRa 前导码符号。在此期间的电流消耗对应指定的 Rx 模式电流；

——无线接收机及 PLL 被关闭，调制解调器数字处理开始执行；

——调制解调器搜索芯片所获取样本与理想前导码波形之间的关联关系。建立这样的关联关系所需的时间仅略小于一个符号周期。在此期间，电流消耗大幅度减少；

——完成计算后，调制解调器产生 CadDone 中断信号。如果关联成功，则会同时产生 CadDetected 信号；

——芯片恢复到待机模式；

——如果发现前导码，清除中断，然后将芯片设置为 Rx 单一或连续模式，从而开始接收数据。

信道活动检测时长取决于使用的 LoRa 调制设置。下图针对特定配置显示了典型 CAD 检测时长，该时长为 LoRa 符号周期的倍数。CAD 检测时间内，芯片在（2SF+32）/BW 秒中处于接收模式，其余时间则处于低功耗状态。

（二）DIO 映射

CAD 事件等可以利用 DIO 来通知给其他 MCU，手册上给了映射方式。如表 5-1 所示。

表 5-1 　DIO 映射

Operating Mode	DIOx Mapping	DIO5	DIO4	DIO3	DIO2	DIO1	DIO0
ALL	0	Mo-deReady	CadDe-tected	CadDone	Fhss-ChangeChannel	RxTimeout	RxDone
	1	ClkOut	PllLock	ValidHeader	Fhss-ChangeChannel	Fhss-ChangeChannel	TxDone
	0	ClkOut	PllLock	Payload-CrcError	Fhss-ChangeChannel	CadDetected	CadDone
	1	–	–	–	–	–	–

（三）源码解析

1.DIO 映射管脚及中断初始化

图 5-25 展示了调用 SX1276IoIrqInit 来进行管脚映射及中断初始化。

```
DioIrqHandler *DioIrq[] = { SX1276OnDio0Irq, SX1276OnDio1Irq,
                                          SX1276OnDio2Irq, SX1276OnDi
o3Irq,
                                          SX1276OnDio4Irq, NULL };
SX1276IoIrqInit( DioIrq );
```

图 5-25 　初始化

2. 启动 CAD

调用 SX1276StartCad 来启动 CAD，配置 DIO 映射。如图 5-26 所示。

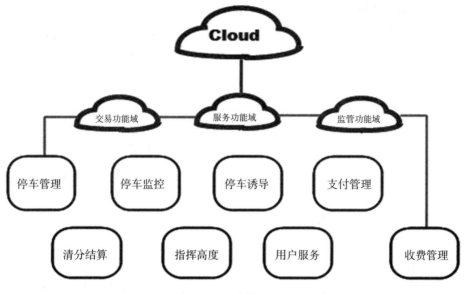

图 5-26　启动 CAD

3.CAD 事件处理

```
void SX1276OnDio3Irq( void )
{
    switch( SX1276.Settings.Modem )
    {
    case MODEM_FSK:
        break;
    case MODEM_LORA:
        if( ( SX1276Read( REG_LR_IRQFLAGS ) & RFLR_IRQFLAGS_CADDETECTED ) == RFLR_IRQFLAGS_CADDETECTED )
        {
            // Clear Irq
            SX1276Write( REG_LR_IRQFLAGS, RFLR_IRQFLAGS_CADDETECTED | RFLR_IRQFLAGS_CADDONE );
            if( ( RadioEvents != NULL ) && ( RadioEvents->CadDone != NULL ) )
            {
                RadioEvents->CadDone( true );
            }
        }
        else
        {
            // Clear Irq
            SX1276Write( REG_LR_IRQFLAGS, RFLR_IRQFLAGS_CADDONE );
            if( ( RadioEvents != NULL ) && ( RadioEvents->CadDone != NULL ) )
            {
                RadioEvents->CadDone( false );
            }
        }
        break;
    default:
        break;
    }
}
```

图 5-27　事件处理

4. 周期性休眠唤醒

应用上，程序要实现周期性的休眠唤醒。目前 LoRaWAN 协议栈默认的一个流程是每 5 秒周期性发数据，尚未使用 CAD。不过大体流程是这样：在唤醒初期进行 CAD，之后进行相应的唤醒或者休眠等待下一次唤醒。

第五节　LoRa 应用实例

一、智慧交通

智慧交通是在整个交通运输领域充分利用物联网、空间感知、云计算、移动互联网等新一代信息技术，综合运用交通科学、系统方法、人工智能、知识挖掘等理论与工具，以全面感知、深度融合、主动服务、科学决策为目标，通过建设实时的动态信息服务体系，深度挖掘交通运输相关数据，形成问题分析模型，实现行业资源配置优化能力、公共决策能力、行业管理能力、公众服务能力的提升，推动交通运输更安全、更高效、更便捷、更经济、更环保、更舒适的运行和发展，带动交通运输相关产业转型、升级。

城市道路拥堵，交通信息无法实时掌控，靠人员、视频监控收集缺乏准确性。智慧交通流量实时监测系统，通过前端地磁车辆感应器搜集准确车流信息，经 NPLink 物联通信系统回传，后台管理系统分析、智能处理，实现道路车流量、占道率、拥堵度分析功能，决策层依据精准数据做出对应措施，用户层通过 APP 实现信息共享、数据发布、预警信息发布等，有效改善交通拥堵情况。智慧交通应用模式如图 5-28 所示。

智慧交通的应用价值：

（1）准确地提供平均速度、车头时距、道路占有率、排队长度，车辆流量和车型统计等交通状态数据，为决策层提供参考依据。

（2）数据分享发布，为用户层提供出行道路选择。

5-28　智慧交通应用模式

二、"互联网+"城市停车模式

随着城市汽车保有量大幅提高，"停车难"问题日益凸显，已成为城市发展的痛点之一。随着国家政策稳步推进，为智慧停车行业搭桥铺路，我国智慧停车势在必行。智慧停车行业借助高科技手段来解决停车难和城市拥堵问题。"互联网+停车"将成为停车产业发展的主要方向。

停车管理改革的根本目的是为最大限度地便利群众。为此，各大城市应将"统一应用智能化信息化科技手段"作为改革的基本支点，运用大数据、"互联网+"等新技术，达成信息共享、提高智能化应用水平。搭建全市泊车总平台，共享停车车位信息；实行车位预约诱导，共享停车功能；实行无感支付，提高停车效率。实现全市停车泊位共享，信息化平台对停车场、车位信息、车辆进出状态进行实时监测采集，通过大数据分析，将整个城市的停车热点区域、车位周转率、潮汐停车指数，实时停车状态等展现出来，为交警指挥调度、打击黑车、潮汐配时、治理拥堵、路网设备优化提供决策依据。

"互联网+停车"架构如图5-30所示。通过采用无线通信技术、云计算技术、计算机网络技术等先进手段，再结合智慧停车服务云平台，将各个停车场的车位相互错开使用，充分利用了城市的闲置资源。此外，智慧停车系统能够为用户提供便捷的移动应用、移动支付、视频识别、数据分析等服务，顺应市场发展潮流。

针对城市道路停车难、收费乱、上下信息不对称的管理问题，采用"互联网+"

的模式打造全新的城市智慧停车系统，该系统在停车位安装，地磁车辆检测器通过 NPLink 物联网通信网络，将数据回传至管理中心，管理平台掌握城市所有车位信息，用户通过手机 APP 实现预约停车、车位导航、精准自动计费，在线付费等功能。"互联网＋停车"应用模式如图 5-29 所示。

"互联网＋"城市停车新模式的价值：

（1）车位状态实施监测。

（2）信息透明，流程简洁，收费精准。

（3）杜绝城市停车管理混乱问题。

（4）提升城市形象。

图 5-29　"互联网＋"城市停车新模式

图 5-30　智慧停车

三、平安城市——路灯杆定位及报警

随着我国城市化进程的不断深入，城市规模愈加庞大，城市人口、物业数量迅速膨胀，城市公共安全管理遭遇巨大挑战，平安城市的建设，已经成为一项必不可少的内容，目前"平安城市"建设不断提速，如何构建一个强大的安防网络来保证整个城市的安全运行、保证市民安居乐业一直是政府工作的重中之重。平安城市是一个特大型、综合性非常强的管理系统，不仅需要满足治安管理、城市管理、交通管理、应急指挥等需求，而且还要兼顾灾难事故预警、安全生产监控等方面对图像监控的需求。

平安城市利用平安城市综合管理信息公共服务平台，包括城市内视频监控系统、数字化城市管理系统、道路交通等多个系统，利用市区级数据交换平台实现资源共享。系统前端数据通过视频监控系统采集并传输到市、区监督指挥调度中心。监督指挥调度中心管理平台由数据库服务器、存储服务器、管理服务器、报警服务器、调度控制服务器、流媒体服务器、Web 服务器、显示服务器和其他应用服务器组成。随着城市建设的不断深入，人口、物业数量迅速膨胀，城市的管理与安全遭遇到巨大挑战，建设支持多级联网和多业务应用的基础传输网络势在必行。

随着城市监控网络规模的不断扩大与监控视频应用的不断深入，现有城市安防的缺陷越来越明显，主要体现在三个方面：首先，监控网络的图像质量与实际需求之间存在差距；其次，从海量视频中获取有用的信息越来越困难，没有全方位无缝隙的城市安防监控体系；第三，各个部门的监视不能进行信息及时共享，使得大量信息处于信息孤岛之中。通过 OPM 城市智能终端自带的摄像头和其他传感器，可每数分钟对包括城市无死角覆盖的街景全景图像及环境信息在内的，城市基本信息做实时采集。然后利用采集的信息为城市居民提供出行、健康和平安服务等，为政府提供城市智能化管理所必须的环境信息、城市交通信息、城市治安信息等。实现对城市的有效管理和打击违法犯罪，加强中国城市安全防范能力，加快城市安全系统建设，建设平安城市和谐社会。

路灯杆定位报警是指每个路灯杆都有一个类似"身份证"的无线定位报警模块，群众遇到困难需要救助时，找到最近路灯杆按下"SOS"紧急报警按钮，通过 NPLink 物联网通信平台，快速将警情发送至接警中心，接警人员根据指挥中心的地图信息，快速定位报警人的精准位置，既方便了群众，也提高了警务处置能力。智慧灯杆应用场景如图 5-31 所示。

平安城市—路灯杆快速定位及报警应用价值：

（1）快速响应警情。

（2）快速定位报警人位置。

（3）提高平安城市的服务体验。

图 5-31　智慧灯杆

四、桥梁健康监测

我国地形复杂，河流密布，如将天然河流连接起来总长度达到 43 万公里，特别在我国南方地区，河网密集，桥梁自古以来就是南方地区的一种重要交通方式，在新世纪，不仅水上桥梁的交通繁忙，各高速路桥，铁路桥发展迅速，桥梁已经成为交通的重要纽带，与国民经济建设和人民生活密切相关，因此保证桥梁的安全至关重要，分析可得以下两种主要原因：

（1）根本原因：桥梁由于施工质量欠佳或长期连续运行，时常会发生病变，其中桥梁底面裂缝的发生与发育是桥梁出现健康问题的重要特征之一，及时捕捉裂缝信息并报警，可以及时采取相应补救措施，避免桥梁健康缠埃卷化，甚至垮塌，以保护人民生命财产安全。

（2）外力原因：近年来，随着国内国民经济的高速增长，内河航运事业发展迅速，内河航运交通繁忙，以致桥梁被撞事件频发为达到及时安全预警警报，减少桥梁垮煽事故的发生，对桥梁进行实时安全健康监测十分必要。

桥梁健康监测的基本内涵即是通过对桥梁结构状况的监控与评估，为桥梁在特殊气候、交通条件下或桥梁运营状况异常严重时发出预警信号，为桥梁的维护维修和管理决策提供依据与指导。然而，桥梁结构健康监测不仅是为了结构状态监控和评估，其信息反馈于结构设计的更深远的意义在于，结构设计方法与相应的规范标准等可能得到改进。再有就是桥梁健康监测带来的不仅仅是监测系统和对某特定桥梁设计的反思，还可能并应该成为桥梁研究的"现场实验室"。桥梁健康监测为桥梁工程中的未知问题和超大跨度桥梁的研究提供了新的契机。由运营中的桥梁结构与其环境所获得的信息不仅是理论研究和实验室调查的补充，还可以提供有关结构行为和环境规律的最真实是信息。因此，桥梁健康监测不只是传统桥梁检测加结构评估新技术，而且被赋予了结构监控与评估、设计验证和研究与发展三方面的意义。

桥梁健康监测系统通过桥梁健康监测，能评估桥梁健康状态，为运营养护部门提供桥梁状态信息，为桥梁的日常养护、检测、维护、加固及维修提供依据。桥梁健康监测应用模式如图 5-32 所示。桥梁正常运营过程中，在关键结构部位安装传感器，通过 NPLink 物联网通信网络回传数据至管理中心，实施监测桥梁的整体和局部行为，对桥梁的损伤位置和程度进行诊断，对桥梁的服役情况、可靠性、耐久性和承载能力进行智能评估，为桥梁突发异常作出预警，为桥梁维修作决策依据和指导，并为桥梁的运营安全管理积累原始性数据。

桥梁健康监测系统的应用价值：

（1）对桥梁应力应变、桥梁温度、桥梁裂缝、桥梁支座位移、桥梁桥墩倾斜、桥梁振动等重要数据实时监测。

（2）在线评估桥梁使用状态。

（3）免桥梁事故发生。

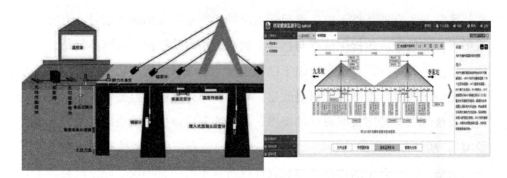

图 5-32　桥梁健康监测

五、智能井盖监测

随着城市化进程的进一步加快，市政公用设施建设发展迅速。市政、电力、通信等部门有大量市政设备、资产需要管理。其中井盖成了不可忽视的一项。大量在外井盖由于缺乏有效的实时监控管理手段，给不法分子提供了可乘之机，移动、偷盗井盖等违法行为时有发生，同时，破损、损坏、丢失的井盖也因无法及时获知而得不到及时修复，这样不仅影响了相关设备的正常工作，造成巨大的直接或间接经济损失，而且丢失井盖的井口也会对道路上的车辆、行人造成极大的危害，对社会安定、安全造成了极大负面影响。

在井盖部署过程中，我们通过定位系统对井盖部署的位置进行精确的经纬度定位，使得井盖位置清晰直观，方便我们后期的运维管理。当我们的井盖异常打开时，传感器通过 CDMA、GPRS 或基站等方式上传到我们的后台井盖监控子系统，并且发送一条告警信息给相关运维人员的 app，再由运维人员进行现场查看，确认告警信息后进行相应的维护，通过手机 app 上传维护内容，进行后台保存，方便溯流求源。

由于缺乏管理资源，传统井盖丢失、地下电缆被盗引发的人员伤亡、车辆事故、电力故障等问题，智能井盖逐步替代了传统井盖，如图 5-33 所示通过智能井盖儿上的智能标签采集状态信息，通过 NPLink 互联网络回传数据至管理中心，系统对城市井盖的"位置信息、异常丢失、异常开启、破损"等状态信息作数据分析和预警。

智能井盖联网监测系统的应用价值：

（1）防止井盖丢失后长期处于无监管状态，导致人员伤亡、车辆事故问题。

（2）防止强降雨情况下的井盖丢失，导致严重事故。

（3）防止地下电力、通信设施被盗或破坏。

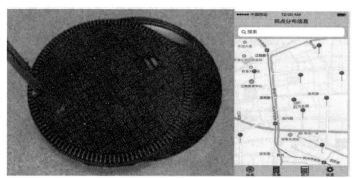

图 5-33　智慧井盖

六、智能无线消防监测预警

随着经济发展和城市化进程加快，建筑密度越来越大，火灾发生的数量和造成的损失呈上升趋势。欧美地区也有建筑火灾，但造成的损失和人员伤亡比我国低很多，主要原因在于欧美国家在解除消防隐患、发展消防监控信息化方面做得比较好。

近年来由于缺乏有效的火灾预防机制，各类场所火灾频发，大多数遇难人员是由于发现火情迟缓、错失疏散逃生的最佳时间，吸入毒烟气而中毒死亡，而我国绝大部分小微场所如住宅、公寓等各类老旧建筑都没有安装感烟探测器，消防报警系统的需求迫在眉睫。学校、医院、写字楼、商超、酒店、娱乐场所是人员密集型场所，也是防火工作的重中之重，但消防设施在室内室外数量众多、分布位置复杂，城市改建中大量消防设施废弃，扩建中许多消防设施未能及时投入使用等原因，导致由于消防设施管理、使用不善而留下消防安全隐患。

现有消防手段面临的问题：感烟探测器并未与消防报警控制器联网；消防报警按钮需要人为手动操作；火情发生后不能迅速精准定位；消防报警控制器并未向消防管理部门实时传输数据。

为了解决传统消防的问题，智能消防走进了我们的生活。智能消防即是通过物联网信息传感与通信等技术，将社会化消防监督管理和公安机关消防机构灭火救援涉及的各类要素所需的消防信息链接起来，构建高感度的消防基础环境，实现实时、动态、互动、融合的消防信息采集、传递和处理如图5-34所示，能全面促进与提高政府及相关机构实施社会消防监督与管理水平，显著增强公安机关消防机构灭火救援的指挥、调度、决策和处置能力。

对于化工生产、仓储，文物古建筑，物流园区，工业园区的智能消防系统较为薄弱，一般缺少火灾预警，只有火灾严重后才被人发现。因此，这类区域的消防监控极为重要，传统通过有线线路部署遇到技术困难。通过NPLink物联网通信系统，可以快速实现前端"烟雾、燃气、温度"报警器的无线快速部署，并通过平台实时监控，一旦异常迅速预警，从而抑制重大事故的发生。

智能无线消防监测预警系统的应用价值：

（1）对不具备消防监控的古建筑，旅游老街区的火灾预警。

（2）对物流仓储区的主动式智能火灾预警。

（3）对工业园区、化工厂的主动式智能火灾预警。

图5-34　智慧消防

七、智慧道路照明管理

目前，智慧城市建设正在全国如火如荼地进行，智慧城市通过物联网、大数据、云计算等技术，完善城市公共服务，改善城市生活环境，使城市变得更智慧。智慧路灯照明就是智慧城市概念下的产物，随着智慧城市建设的日益推进，利用路灯逐步智慧升级打造的物联网信息化网络平台将发挥更大的作用，从而拓展城市智慧化的管理服务。作为城市智慧城市的基础设施，智慧照明是智慧城市的重要组成部分，而且智慧城市还处于初步阶段，系统构建太复杂，城市照明是最佳的一个落脚点。

智慧路灯照明可以融入信息交互系统和城市网络化管理的监控体系之中，而且作为重要的信息采集载体，路灯网络可以延续到公共安全监控网、WiFi 热点、接入网、LED 电子屏信息发布信息、道路拥堵监测网、停车综合管理网、环境监测网络、充电桩网络等。实现 N+ 网络合一的智慧城市综合载体和智慧城市综合性管理平台。如图 5–35 所示。

智慧路灯照明系统不仅拥有基本的智能照明功能、信息发布功能、信息采集功能、信息传输与控制功能，绿色新能源充电、环境监测于一身，通过配备的户外小间距 LED 显示屏、摄像头、无线 WIFI，可实现 LED 路灯照明，LED 显示屏显示、通信与控制、视频监控、人物监测、USB 应急充电和紧急呼叫等不同应用。这些多样化的应用使其在节约能源、环境友好、事故预警、公共安全及便民出行等多方面有很大的用武之地，具有极高的实际应用价值，既可以全面提升和改善社会效益，又可以作为智慧城市的信息感知终端，支撑城市物联网的全范围覆盖。

路灯智能控制系统的应用已经非常成熟，但在实现方式、管理成本上成本一直过高，主要体现在通信建设与运维成本上的开支。通过采用具备城域覆盖能力的 NPLink 物联网通信专网，低成本通信方式直接替代原有的 GPRS、电力载波、2.4G WIFI 的高昂通信费用的投入。在单灯控制器中植入 NPLink 终端节点，通过 NPLink 物联网基站实现城域级通信距离，经中心管理平台实现单灯控制，并进行能耗智慧管理，动态照明等自动化能力。

智慧道路照明管理系统的应用价值：

（1）实现远距离单灯控制、单灯故障检测、线路检测。

（2）实现动态照明、节能管理等。

（3）无线快速部署能力。

（4）低廉的通信建设投入。

图 5-35　智慧路灯

八、智慧医疗大数据收集系统

随着社会和经济的发展，人的生活水平迅速提高，生活方式也随之发生了巨大变化。主要疾病类型的死因构成也随之发生变化，人的医疗需求由单一性转变为多样性，医疗卫生政策、卫生管理和医疗技术也在为适应这一变化而不断努力，医疗卫生的理念也随之发生变化，并呈现两种趋势。一是医疗服务绕着个体健康和人人享有基本医疗卫生服务的目标，更加注重政府主导，呈现出服务资源向下延伸，强调基层卫生机构的重要性，不断扩大服务范围，保障医疗卫生可及性的总体趋势。二是卫生管理围绕着保障群体健康，公共卫生的均等性，以及优化资源配置和提高资源效率的目标，呈现信息资源向上综合，更加注重对各种卫生资源的掌握，以提高卫生事业的宏观调控和协调应对处置突发公共卫生事件能力的总体趋势。利用信息技术实施智慧医疗工程，有利于实现卫生信息的线上综合服务资源的向下延伸，实现医疗资源信息和公共服务的共享，为老百姓看得到病、看得好病、看得起病，提供信息化保障，实施智慧医疗工程，符合医疗卫生的总体发展趋势。

智慧医疗大数据云平台建设将着力于通过实现医院及相关医疗机构的密切协作和业务联动，全面提高智慧医疗大数据云平台水平，逐步完善区域性卫生信息资源的统一性、规范性、完整性和开放性，提高医疗卫生服务的社会效益和经济效益，实现区域内各卫生系统信息网上交换，区域内医疗卫生信息的集中管理和资源共享。

　　智慧医疗的应用随着先进的电子制造，已经催生了一些能够实现生命体征监测、临床追踪的微型生物标签，该生物标签内置信息采集、传输机制。医院通过覆盖 NPLink 物联通信网，实时收集病人数据，进入医疗大数据存储。为医疗专家提供长期的临床跟踪数据，为医疗研究作出参考数据。如图 5-36 所示。

　　智慧医疗大数据收集系统的应用价值：

　　（1）对临床的实时跟踪，汇入医疗大数据，为医疗研究作出参考依据。

　　（2）实时监控病人的生命体征，避免紧急情况发生。

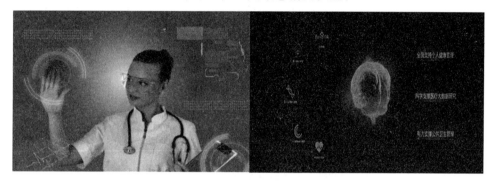

图 5-36　智慧医疗

参考文献

[1] 中国电信物联网开放平台NB-IoT模组对接指导书.

[2] YD/T1363.1-2005.通信局(站)电源、空调及环境集中监控管理系统第1部分:
系统技术要求.

[3] YD/T13631-2005.通信局(站)电源、空调及环境集中监控管理系统第2部分:
互联协议.

[4] YD/T1363.3-2005.通信局(站)电源、空调及环境集中监控管理系统第3部分:
前端智能设备协议.

[5] YD/T363.4-2005.通信局(站)电源、空调及环境集中监控管理系统第4部分:
测试方法.

[6] YD/T5027-2005.通信电源集中监控系统工程设计规范.

[7] YD/T15003-2005.电信专用房屋设计规范.